Alexander Kraupner

Neuartige Synthese magnetischer Nanostrukturen

Alexander Kraupner

Neuartige Synthese magnetischer Nanostrukturen

Metallcarbide und Metallnitride der
Übergangsmetalle Fe/Co/Ni

Südwestdeutscher Verlag für Hochschulschriften

Impressum/Imprint (nur für Deutschland/only for Germany)
Bibliografische Information der Deutschen Nationalbibliothek: Die Deutsche Nationalbibliothek verzeichnet diese Publikation in der Deutschen Nationalbibliografie; detaillierte bibliografische Daten sind im Internet über http://dnb.d-nb.de abrufbar.
Alle in diesem Buch genannten Marken und Produktnamen unterliegen warenzeichen-, marken- oder patentrechtlichem Schutz bzw. sind Warenzeichen oder eingetragene Warenzeichen der jeweiligen Inhaber. Die Wiedergabe von Marken, Produktnamen, Gebrauchsnamen, Handelsnamen, Warenbezeichnungen u.s.w. in diesem Werk berechtigt auch ohne besondere Kennzeichnung nicht zu der Annahme, dass solche Namen im Sinne der Warenzeichen- und Markenschutzgesetzgebung als frei zu betrachten wären und daher von jedermann benutzt werden dürften.

Verlag: Südwestdeutscher Verlag für Hochschulschriften GmbH & Co. KG
Dudweiler Landstr. 99, 66123 Saarbrücken, Deutschland
Telefon +49 681 37 20 271-1, Telefax +49 681 37 20 271-0
Email: info@svh-verlag.de

Zugl.: Potsdam, MPI, Diss., 2011

Herstellung in Deutschland:
Schaltungsdienst Lange o.H.G., Berlin
Books on Demand GmbH, Norderstedt
Reha GmbH, Saarbrücken
Amazon Distribution GmbH, Leipzig
ISBN: 978-3-8381-2944-0

Imprint (only for USA, GB)
Bibliographic information published by the Deutsche Nationalbibliothek: The Deutsche Nationalbibliothek lists this publication in the Deutsche Nationalbibliografie; detailed bibliographic data are available in the Internet at http://dnb.d-nb.de.
Any brand names and product names mentioned in this book are subject to trademark, brand or patent protection and are trademarks or registered trademarks of their respective holders. The use of brand names, product names, common names, trade names, product descriptions etc. even without a particular marking in this works is in no way to be construed to mean that such names may be regarded as unrestricted in respect of trademark and brand protection legislation and could thus be used by anyone.

Publisher: Südwestdeutscher Verlag für Hochschulschriften GmbH & Co. KG
Dudweiler Landstr. 99, 66123 Saarbrücken, Germany
Phone +49 681 37 20 271-1, Fax +49 681 37 20 271-0
Email: info@svh-verlag.de

Printed in the U.S.A.
Printed in the U.K. by (see last page)
ISBN: 978-3-8381-2944-0

Copyright © 2011 by the author and Südwestdeutscher Verlag für Hochschulschriften GmbH & Co. KG and licensors
All rights reserved. Saarbrücken 2011

--- meinen Eltern…für Alles ---

„Der Beginn aller Wissenschaften ist das Erstaunen, dass die Dinge sind, wie sie sind."_{Aristoteles}

Zusammenfassung

Magnetische Nanopartikel bieten ein großes Potential, da sie einerseits die Eigenschaften ihrer Bulk-Materialien besitzen und andererseits, auf Grund ihrer Größe, über komplett unterschiedliche magnetische Eigenschaften verfügen können; Superparamagnetismus ist eine dieser Eigenschaften. Die meisten etablierten Anwendungen magnetischer Nanopartikel basieren heutzutage auf Eisenoxiden. Diese bieten gute magnetische Eigenschaften, sind chemisch relativ stabil, ungiftig und lassen sich auf vielen Synthesewegen relativ einfach herstellen. Die magnetischen Eigenschaften der Eisenoxide sind materialabhängig aber begrenzt, weshalb nach anderen Verbindungen mit besseren Eigenschaften gesucht werden muss. Eisencarbid (Fe_3C) kann eine dieser Verbindungen sein. Dieses besitzt vergleichbare positive Eigenschaften wie Eisenoxid, jedoch viel bessere magnetische Eigenschaften, speziell eine höhere Sättigungsmagnetisierung.

Bis jetzt wurde Fe_3C hauptsächlich in Gasphasenabscheidungsprozessen synthetisiert oder als Nebenprodukt bei der Synthese von Kohlenstoffstrukturen gefunden. Eine Methode, mit der gezielt Fe_3C-Nanopartikel und andere Metallcarbide synthetisiert werden können, ist die „Harnstoff-Glas-Route". Neben den Metallcarbiden können mit dieser Methode auch die entsprechenden Metallnitride synthetisiert werden, was die breite Anwendbarkeit der Methode unterstreicht.

Die „Harnstoff-Glas-Route" ist eine Kombination eines Sol-Gel-Prozesses mit einer anschließenden carbothermalen Reduktion/Nitridierung bei höheren Temperaturen. Sie bietet den Vorteil einer einfachen und schnellen Synthese verschiedener Metallcarbide/nitride. Der Schwerpunkt in dieser Arbeit lag auf der Synthese von Eisencarbiden/nitriden, aber auch Nickel und Kobalt wurden betrachtet. Durch die Variation der Syntheseparameter konnten verschiedene Eisencarbid/nitrid Nanostrukturen synthetisiert werden. Fe_3C-Nanopartikel im Größenbereich von $d = 5 - 10$ nm konnten, durch die Verwendung von Eisenchlorid, hergestellt werden. Die Nanopartikel weisen durch ihre geringe Größe superparamagnetische Eigenschaften auf und besitzen, im Vergleich zu Eisenoxid Nanopartikeln im gleichen Größenbereich, eine höhere Sättigungsmagnetisierung. Diese konnten in fortführenden Experimenten erfolgreich in ionischen Flüssigkeiten und durch ein Polymer-Coating, im wässrigen Medium, dispergiert werden. Desweiteren wurde durch ein Templatieren mit kolloidalem Silika eine mesoporöse Fe_3C-Nanostruktur hergestellt. Diese konnte erfolgreich in der katalytischen Spaltung von Ammoniak getestet werden.

Mit der Verwendung von Eisenacetylacetonat konnten neben Fe_3C-Nanopartikeln, nur durch Variation der Reaktionsparameter, auch Fe_7C_3- und Fe_3N-Nanopartikel synthetisiert werden.

Speziell für die Fe_3C-Nanopartikel konnte die Sättigungsmagnetisierung, im Vergleich zu den mit Eisenchlorid synthetisierten Nanopartikeln, nochmals erhöht werden.

Versuche mit Nickelacetat führten zu Nickelnitrid (Ni_3N) Nanokristallen. Eine zusätzliche metallische Nickelphase führte zu einer Selbstorganisation der Partikel in Scheiben-ähnliche Überstrukturen.

Mittels Kobaltacetat konnten, in Sphären aggregierte, metallische Kobalt Nanopartikel synthetisiert werden. Kobaltcarbid/nitrid war mit den gegebenen Syntheseparametern nicht zugänglich.

Abstract

Magnetic nanoparticles offer a great potential, because they exhibit on the one hand the properties of their bulk materials and on the other hand, because of their size, completely different magnetic properties. The most established applications of magnetic nanoparticles are based on iron oxide. These oxides have good magnetic properties, they are chemical relatively stable, non toxic and easy to prepare. But the magnetic properties are limited. Therefore, we need new materials with improved magnetic properties. Iron carbide (Fe_3C) could be one of these materials.

Up to now, Fe_3C was mainly synthesized in chemical vapor deposition processes (CVD) or was found as side product in the synthesis of carbon structures. A method for the systematical synthesis of metal carbides is the "Urea-Glass-Route". In addition to the synthesis of metal carbides, this method allows to synthesize metal nitrides, which shows the broad practicability.

The "Urea-Glass-Route" is a combination of a sol-gel process with following carbothermal reduction/nitridation at higher temperatures. The method is fast and simple and it is possible to synthesis different metal carbides/nitrides.

The main topic of this work is the synthesis of iron carbide/nitride, but also cobalt and nickel is examined. By varying the synthesis parameters, different iron carbide/nitride nanostructures could be synthesized. With the use of iron chloride, Fe_3C nanoparticles, in the size range of d = 5 – 10 nm, could be produced. Because of their small size, the particles show superparamagnetism and compared to iron oxide particles (in the same size range) a higher saturation magnetization. In following experiments, the particles could be successfully dispersed in an ionic liquid and with a polymer coating in aqueous medium. Furthermore, via templating with colloidal silica a mesoporous Fe_3C structure could be synthesized. The material could be successfully tested in the catalytic ammonia decomposition. By changing the iron source to iron acetylacetonate, Fe_7C_3 and Fe_3N nanoparticles, in addition to Fe_3C, could be also synthesized. With nickel acetate it was possible to synthesize nickel nitride (Ni_3N) nano crystals. An additional metallic nickel phase in the sample leads to a self organization to disk-like superlattice. Via cobalt acetate, in spheres aggregated, metallic cobalt nanoparticles could be synthesized. Cobalt carbide or nitride was not accessible under these synthesis parameters.

Inhaltsverzeichnis

1. Einleitung und Motivation *1*

2. Theorie *5*

2.1 Magnetische Nanopartikel 5

2.2 Magnetismus 7

2.3 Metallcarbide und Metallnitride 14

    2.3.1 Das Eisen-Kohlenstoff-Stickstoff-System 15

        2.3.1.1 Zementit (Fe_3C) 16

        2.3.1.2 Eisencarbid (Fe_7C_3) 16

    2.3.2 Das Eisen-Stickstoff-System - speziell Eisennitrid (Fe_3N) 17

2.4 Die „Harnstoff-Glas-Route" 19

2.5 Methoden 23

    2.5.1 Elektronenmikroskopie 23

        2.5.1.1 Transmissionselektronenmikroskopie (TEM) 24

        2.5.1.2 Rasterelektronenmikroskopie (REM) 25

    2.5.2 Röntgendiffraktometrie 26

    2.5.3 Mößbauer Spektroskopie 29

3. Ergebnisse und Diskussion *35*

3.1 Eisencarbid und Eisennitrid Nanostrukturen 35

    3.1.1 Synthese mittels Eisenchlorid 36

        3.1.1.1 Synthese von Eisencarbid (Fe_3C) Nanopartikeln 36

        3.1.1.2 Synthese von mesoporösem Fe_3C 45

    3.1.2 Synthese auf Basis von Eisenacetylacetonat 53

    3.1.3 Aktivität des Fe_3C in der katalytischen Spaltung von Ammoniak 70

    3.1.4 Stabilisierungsversuche – der erste Schritt für neuartige Ferrofluide 72

        3.1.4.1 Stabile Fe_3C-Nanopartikel Dispersionen in ionischen Flüssigkeiten 73

        3.1.4.2 Stabile Fe_3C-Nanopartikel Dispersionen via NitroDOPA/PEG-Coating 76

3.2 Erweiterung des Reaktionssystems - magnetische Nickel und Kobalt Nanopartikel 79

    3.2.1 Synthese von Nickelnitrid (Ni_3N) Nanopartikeln 79

3.2.2 Synthese von Kobalt (Co) Nanopartikeln 84

3.2.3 Ausblick und Rückblick – synthetisches Cohenit 87

4. Zusammenfassung und Ausblick *88*

5. Anhang *92*

    5.1 Synthese der Nanostrukturen 92

    5.1.1 Synthese von Fe_3C mittels Eisenchlorid 92

        5.1.1.1 Synthese von Eisencarbid (Fe_3C) Nanopartikeln 92

        5.1.1.2 Synthese von mesoporösem Eisencarbid (Fe_3C) 93

    5.1.2 Synthese von Fe_3C, Fe_7C_3 und Fe_3N mittels Eisenacetylacetonat 93

    5.1.3 Synthese von Ni_3N-Nanopartikeln 94

    5.1.4 Synthese von Co-Nanopartikeln 94

    5.2 Messparameter 94

    5.3 Elektronendiffraktometrie 98

    5.6 Thermischen Zersetzung mit anschließender GC-MS 99

    5.7 Röntgendiffraktogramme der verschiedenen Fe_3C-Nanostrukturen 102

    5.8 FT-IR Messungen der verschiedenen Fe_3C-Nanostrukturen 103

    5.9 Mößbauer Fitting Parameter 105

6. Symbolverzeichnis *106*

7. Veröffentlichungen *108*

8. Literaturverzeichnis *109*

1. Einleitung und Motivation

Ein Ziel der Wissenschaft ist es, sich neben der Entwicklung neuartiger Materialien auch den schon bekannten bzw. vorhandenen Materialien zu bedienen und diese durch neuartige Techniken und Charakterisierungsmethoden nutzbar zu machen. Vor mehreren Millionen Jahren entstanden in den Tiefen des Universums Festkörper, von denen einige die Erdatmosphäre durchquerten und als Meteoriten auf den Erdboden aufschlugen. Die meisten dieser Meteoriten bestehen aus Silikatmineralien oder aus Eisen-Nickel-Legierungen. Ein genauerer Blick in die Zusammensetzung dieser Eisenmeteorite zeigt, dass diese als Hauptbestandteil ein Mineral namens Cohenit beinhalten.[1] Dieses Cohenit ist ein Mineral mit der chemischen Zusammensetzung $(Fe,Ni,Co)_3C$, wobei die Metallatome gegenseitig ausgetauscht werden können, das Verhältnis zu Kohlenstoff aber immer gleich bleibt. Werden alle Metallatome mit Eisen ersetzt, erhält man eine Verbindung mit der Summenformel Fe_3C, genannt Zementit oder auch allgemein Eisencarbid. Schmiede im asiatischen Raum stellten vor ca. 2500 Jahren Schwerter aus eben solchen Eisenmeteoriten her. Die Verbindung von gewöhnlichem Stahl und Einschlüssen von Cohenit gaben diesen Schwertern besondere Eigenschaften, sie waren einerseits sehr hart und scharf, aber anderseits auch flexibel und leicht. Heutzutage sind diese Schwerter als Damaszener Schwerter bekannt, hergestellt aus Damaszener Stahl. Im mitteleuropäischen Raum wurden Schwerter mit ähnlichen Eigenschaften hergestellt, indem Altmetall zu neuen Schwertern geschmiedet wurde. Die Besonderheit war hierbei, dass diese Altmetalle alle einen unterschiedlichen Anteil an Kohlenstoff besaßen. Durch das mehrmalige Schmieden entstanden Einschlüsse von Fe_3C und Kohlenstoff, welche nach und nach die bekannten schwarzen Wellenstrukturen auf den Klingen (Abb.1) bildeten. Ob nun durch die Zugabe von Cohenit oder durch das mehrmalige Schmieden, die Gemeinsamkeit ist das Vorhandensein von Fe_3C und einem hohen Kohlenstoffanteil. Die Charakterisierungsmethoden des 21 Jh. erlauben einen tieferen Blick in die Damaststruktur. Elektronenmikroskopische Untersuchungen eines Damaszener Schwertes aus dem 17 Jh. zeigten, dass Damaszener Stahl aus Stahl und einer von Kohlenstoff Nanoröhrchen eingeschlossenen Zementit-Phase besteht.[2]

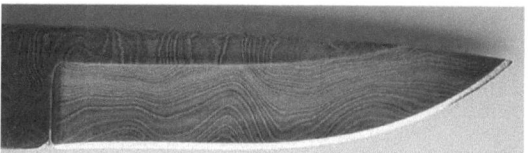

Abb. 1: Das Bild zeigt die typische Damaststruktur auf einem Messer.[3]

Dieses Zusammenspiel von metallischem Eisen, Eisencarbid und Kohlenstoff Nanoröhrchen gab diesen Schwertern zu jener Zeit überlegene Eigenschaften, welche auf die Nanohybridstruktur von Fe_3C und Kohlenstoff zurückzuführen sind.

Die bis heute am meisten verwendeten Eisenverbindungen, in nahezu allen Bereichen der Nanotechnologie, sind Eisenoxide. Diese haben gute magnetische Eigenschaften, sind chemisch relativ stabil, ungiftig und lassen sich auf vielen Synthesewegen relativ einfach herstellen. Eisenoxidnanopartikel sind schon lange bekannt und deshalb sehr ausführlich erforscht, weshalb man an eine Grenze stößt, ab der die Eigenschaften dieser nicht mehr verbessert werden können. Ein Beispiel ist die Sättigungsmagnetisierung, welche von Magnetit (Fe_3O_4) auf $M_{S,bulk} \sim 90$ emu/g[4] begrenzt ist und damit verbunden die Leistungsfähigkeit der Partikel in verschiedenen Anwendungen, wo die Magnetisierung eine tragende Rolle spielt. Deshalb muss nach alternativen Materialien gesucht werden, die erstens die gleichen positiven Eigenschaften wie Eisenoxid aufweisen und zweitens diese noch verbessern können. Dieses Material könnte Eisencarbid sein.

Der Kohlenstoffgehalt in Eisencarbid (Fe_3C), welcher maximal 6,67 Gew.-% betragen kann, verändert die physikalischen und chemischen Eigenschaften, verglichen zu metallischem Eisen, dramatisch. Fe_3C besitzt keramikartige mechanische Eigenschaften, d.h. es ist sehr hart, es ist ungiftig und chemisch sehr stabil. Mit einer Sättigungsmagnetisierung von $M_{S,bulk} \sim 140$ emu/g übertrifft diese die des Magnetits deutlich.[5] All diese Eigenschaften macht Eisencarbid zu einem sehr interessanten Material, entweder rein oder in Verbindung mit einer zweiten Kohlenstoffphase.

In der Literatur existieren eine Vielzahl an Methoden für die Synthese von vielen verschiedenen Arten von Nanostrukturen (physikalische oder chemische Ansätze, in Wasser oder Lösemittelfrei, mit Templat oder ohne…) aber ein einfacher, reproduzierbarer und schneller Syntheseweg speziell für Eisencarbid, ist noch nicht vorhanden. Bis jetzt wurde Eisencarbid hauptsächlich als Nebenprodukt bei der Synthese von Kohlenstoffstrukturen, wie in Prozessen der chemischen Gasphasenabscheidung

(CVD*)[6] oder bei Pyrolyse Prozessen während der Synthese von Kohlenstoff Nanoröhrchen (CNT's*1), gefunden.[7] Fortschritte bei der Synthese von Fe_3C-Nanopartikeln wurden im Bereich der Flammen-Spray-Synthese[8] und durch die Verwendung von Biopolymeren gemacht.[9] Der Nachteil der meisten Methoden ist, dass sie einerseits experimentell aufwendig sind und anderseits auf die Synthese einer bestimmten Art von Nanopartikeln begrenzt ist.

Eine Lösung für dieses Problem könnte u.a. die „Harnstoff-Glas-Route" sein. Erstmals für Molybdäncarbid und Wolframcarbid angewendet,[10] können mit dieser Methode auch Titan-, Chrom- und Niobiumcarbid synthetisiert werden.[11] Ausgehend von einem Metall-Harnstoff Komplex, welcher in einem geeigneten Lösemittel durch sekundäre Anziehungskräfte (Wasserstoffbrückenbindungen, Coulomb-Anziehung) in einer gelartigen Struktur vorliegt, kann durch anschließendes Heizen auf eine bestimmte Temperatur das jeweilige Metallcarbid hergestellt werden. Ein weiterer großer Vorteil dieser Route ist, dass neben den entsprechenden Carbiden auch die entsprechenden Metallnitride synthetisiert werden können.[10, 11] Metallnitride sind den entsprechenden Carbiden in ihren chemischen und mechanischen Eigenschaften sehr ähnlich und können in einer Reihe von Anwendungen von Nutzen sein.

Wie die Damaszener-Schwerter des Mittelalters können auch Fe_3C- und Fe_3N-Nanopartikel im „Kampf" eingesetzt werden, z.B. gegen den Krebs. In Form von Ferrofluiden können diese in hyperthermischen Behandlungen Krebszellen zerstören,[12] als magnetische Transporter Wirkstoffe gezielt zu ihrem Bestimmungsort im Körper bringen,[13] oder als MRT-Kontrastmittel bösartige Gewebeveränderungen besser darstellen.[14] Das Wichtigste in der Bekämpfung von Tumoren oder anderen Gewebeveränderungen ist die rechtzeitige Erkennung. Bessere Kontrastmittel bedeuten bessere Darstellung der Gewebeveränderung, dass wiederum frühzeitige Erkennung und damit bessere Heilungschancen.

Auch im Bereich der Elektronik ist die Verwendung von Fe_3C als magnetisches Speichermaterial Gegenstand der Forschung.[15] Weiterhin gibt es das Potential in der Verwendung als neuartiger Katalysator, z.B. in der Fischer-Tropsch Synthese.[16]

Ziel dieser Arbeit ist es, Eisencarbid und Eisennitrid Nanostrukturen mittels der „Harnstoff-Glas-Route" zu synthetisieren und vollständig zu charakterisieren. Die Hauptaufgabe besteht darin, kontrolliert Nanopartikel herzustellen. Zudem soll durch eine gezielte Veränderung der

---

* CVD = Chemical Vapor Deposition
*1 CNT's = Carbon Nanotubes

Reaktionsparameter die Morphologie soweit beeinflusst werden, damit diese für bestimmte Anwendungen optimal wird. Anschließend sollen die Materialien mit geeigneten Verfahren auf ihre Nutzbarkeit getestet werden. Des Weiteren wurden Experimente mit Kobalt und Nickel durchgeführt, um einerseits Carbide/Nitride zu synthetisieren und anderseits Grundlagen für fortführende Arbeiten mit Fe/Co/Ni-Mischphasen zu schaffen.

2. Theorie

2.1 Magnetische Nanopartikel

Als Richard Feynman 1959 seinen Vortrag „*There's Plenty of Room at the Bottom*"[17] hielt, wusste er nicht, dass ca. 50 Jahre später seine Vorstellung von „Größe" in so vielen Bereichen des täglichen Lebens bereits umgesetzt ist. Bezogen auf Nanopartikel findet man ein breites Anwendungsspektrum im täglichen Leben. Nanopartikel werden u.a. eingesetzt in Kosmetika, Medikamenten, Lacken und Farbstoffen, Beschichtungen oder elektronischen Bauteilen. Die Wirkung von Nanopartikeln auf den menschlichen Körper ist noch nicht vollständig geklärt und deshalb Gegenstand vieler Diskussionen. Aber auch das zeigt das große Gebiet der Nanotechnologie, nämlich nicht nur die Entwicklung von neuen Nanosystemen, sondern auch Techniken zur kontrollierten Verwendung von Diesen. Aufgrund der Vielfalt von Nanopartikeln (Metalle, Nichtmetalle, Polymere, Kohlenstoff, Oxide, Sulfide, …) soll in Bezug auf das Thema der Dissertation nur auf magnetische Nanopartikel eingegangen werden.

In der Natur kommen nur drei Elemente vor, welche ferromagnetisches Verhalten bei Raumtemperatur zeigen; Eisen, Kobalt und Nickel (unter 16 °C ist auch Gadolinium ferromagnetisch). Magnetische Nanopartikel können in metallischer Form vorliegen (Fe, Co),[18, 19] als Oxide wie Fe_2O_3 oder Fe_3O_4,[20] als Carbide und Nitride (Fe_3C,[21] Fe_3N[22]), oder auch dotiert mit Magnesium ($MgFe_2O_4$), Mangan ($MnFe_2O_4$)[23] oder Bor (Nd-Fe-B).[24] Auch Legierung von z.B. $CoPt_3$ oder $FePt$[25, 26] und Nanopartikel dotiert mit Seltenerdmetallen wie Samarium ($SmCo_5$),[27] Neodym, Europium oder Terbium sind möglich.[28] All diese Legierungen, Dotierungen und Gemische sind notwendig um die magnetischen Eigenschaften zu verändern und damit die Partikel für eine bestimmte Anwendung nutzbar zu machen. Dabei können alle wichtigen Parameter der Magnetisierung beeinflusst werden; die Sättigungsmagnetisierung M_S, die Restmagnetisierung M_R und die Koerzitivfeldstärke H_C. Diese gezielte Veränderung der magnetischen Eigenschaften kann auf verschiedenen Wegen erfolgen. Ausgehend von ferromagnetischen und antiferromagnetischen Stoffen können durch Kombination dieser und durch Veränderung der Partikelgröße folgende Effekte erreicht werden. Bei Kombination von zwei unterschiedlichen ferromagnetischen Phasen (z.b. Fe-Co-Cr) können z.b. neue Permanentmagnete hergestellt werden, welche sich durch eine hohe M_R und H_C auszeichnen. Derselbe Effekt kann durch Dotieren von ferromagnetischen Materialien mit Seltenerdmetallen erreicht werden. Bekannte Beispiele sind $SmCo_5$ oder $Fe_{14}Nd_2B$. Das Gegenteil eines Dauermagneten kann durch die Verringerung der Partikelgröße von ferromagnetischen Stoffen erreicht werden, was bedeutet keine Restmagnetisierung und Koerzitivfeldstärke, genannt Superparamagnetismus. Die bekanntesten Beispiele für diesen sind Fe_3O_4 und γ-Fe_2O_3. Bei Kombination eines ferromagnetischen und antiferromagnetischen Stoffes, z.B. in einer Kern-Hülle-Struktur, kann es zu sogenannten *Exchange Bias* Effekten kommen. Dabei kommt es an der Grenzfläche ferromagnetisch/antiferromagnetisch zu einer Austauschwechselwirkung, welche die Hystereseschleife auf der Feldachse verschiebt. Desweiteren spielen, bei Systemen im Nanometerbereich, Oberflächeneffekte eine sehr große Rolle, da sich bei abnehmender Größe immer mehr Atome an der Oberfläche befinden und diese die magnetischen Eigenschaften stark beeinflussen können.

Aufgrund der mannigfaltigen magnetischen Eigenschaften ist auch die Zahl der Anwendungen magnetischer Nanopartikel stark gestiegen. Eingesetzt werden können diese z.b. als magnetische Flüssigkeiten,[29] in der Katalyse,[30, 31] Biotechnologie/Biomedizin,[32] Magnetresonanztomographie,[33] magnetische Datenspeicherung[34] und in der Umweltsanierung und Wasseraufbereitung.[35, 36]

Da ein wichtiger Punkt das Verstehen der magnetischen Effekte ist, soll im nächsten Kapitel der Magnetismus genauer erläutert werden.

2.2 Magnetismus

Das magnetische Moment eines freien Atoms hat prinzipiell drei Ursachen; den Spin der Elektronen, den Bahndrehimpuls bezogen auf die Bewegung um den Kern und die Änderung des Bahndrehimpulses durch ein äußeres magnetisches Feld. Die ersten beiden Effekte geben paramagnetische Beiträge zu der Magnetisierung, der dritte einen diamagnetischen. Die Magnetisierung M ist definiert als magnetisches Moment pro Volumeneinheit. Die magnetische *Suszeptibili*tät pro Volumeneinheit, welche die Magnetisierbarkeit von Materie in einem magnetischen Feld angibt, ist definiert als:

$$\chi = \frac{M}{B}$$

Gl. 1

mit B als magnetische Feldstärke. Stoffe mit einer negativen Suszeptibilität werden als *diamagnetisch* bezeichnet und Stoffe mit einer positiven Suszeptibilität als *paramagnetisch*. Geordnete Zustände von magnetischen Momenten in Materialien können *ferromagnetisch*, *antiferromagnetisch* und *ferrimagnetisch* sein. Im Einzelnen sollen nun der Diamagnetismus und der Paramagnetismus genauer erklärt werden und anschließend auf den Ferromagnetismus eingegangen werden.

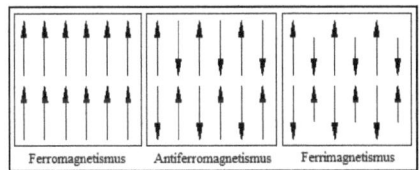

Abb. 2: Spinanordnung in den verschiedenen Magnetismusarten

Diamagnetische Materialien besitzen keine permanenten magnetischen Momente, da sie nur gepaarte Elektronen besitzen. Diamagnetisches Verhalten hängt mit dem Bestreben der elektrischen Ladung zusammen, das Innere eines Körpers teilweise gegen ein äußeres magnetisches Feld abzuschirmen. Dadurch wird ein Strom induziert, welcher ein inneres Magnetfeld erzeugt. Das von dem induzierten

Strom erzeugte Magnetfeld ist dem äußeren Magnetfeld entgegen gerichtet, d.h. das äußere Feld wird geschwächt. Die diamagnetische Volumensuszeptibilität ergibt sich zu:

$$\chi = \frac{N\mu}{B} = -\frac{NZe^2}{6mc^2}\langle r^2 \rangle \hspace{2cm} \text{Gl. 2}$$

mit N Anzahl der Atome pro Volumeneinheit, Z Anzahl der Elektronen, e Elementarladung, c Lichtgeschwindigkeit, μ magnetisches Moment und m Masse der Elektronen. Elektronischer Paramagnetismus tritt auf bei Atomen, Molekülen und Gitterfehlstellen mit einer ungeraden Zahl von Elektronen, bei freien Atomen und Ionen mit teilweise gefüllten inneren Schalen und bei Metallen. Paramagnetische Materialien besitzen ein permanentes magnetisches Moment, welches ein angelegtes äußeres Magnetfeld verstärkt.

Die für den Magnetismus wichtige Aussage dabei ist, dass der Gesamtdrehimpuls J eines atomaren Zustandes immer mit einem magnetischen Moment μ_B verknüpft ist. Das magnetische Moment eines freien Atoms oder Ions lautet:

$$\mu = \gamma \hbar J = -g\mu_B J \hspace{2cm} \text{Gl. 3}$$

mit gyromagnetisches Verhältnis γ, dem Landé Faktor g und dem Bohrschen Magneton μ_B. Der Landé Faktor gibt das Verhältnis des magnetischen Moments eines Atoms oder Atomkerns zu seinem Gesamtdrehimpuls an. Das Bohrsche Magneton ist eine andere Bezeichnung für das magnetische Moment des Spins eines freien Elektrons. Die Energieniveaus U eines Systems im Magnetfeld sind:

$$U = -\mu B = m_J g \mu_B B \hspace{2cm} \text{Gl. 4}$$

Mit einer Magnetquantenzahl m_J von $\pm 1/2$ und $g = 2$ ergibt sich U zu:

$$U = \pm \mu_B B \hspace{2cm} \text{Gl. 5}$$

Besitzt ein System nur zwei Niveaus N_1 und N_2, so ist deren Besetzung im Gleichgewicht gleich. Die Projektion des magnetischen Moments des oberen Zustands auf die Feldrichtung ist -μ, die des unteren μ. Die resultierende Magnetisierung bei N Atomen pro Volumeneinheit ergibt sich zu:

$$M = (N_1 - N_2)\mu = N\mu \tanh x \quad \text{mit} \quad x \equiv \frac{\mu B}{k_B T} \qquad \text{Gl. 6}$$

Für $x \ll 1$ gilt $\tanh x \cong x$ und man erhält:

$$M \cong N\mu \left(\frac{\mu B}{k_B T}\right) \qquad \text{Gl. 7}$$

Für ein Atom mit dem Gesamtdrehimpuls J, besitzt ein Magnetfeld $2J + 1$ äquidistante Energieniveaus. Die Magnetisierung ist dann mit einsetzen von Gl. 3:

$$M = NgJ\mu_B B_J(x) \qquad \text{Gl. 8}$$

B_J ist hierbei die *Brillouin-Funktion*, woraus sich die paramagnetische Suszeptibilität ergibt:

$$\frac{M}{B} \cong \frac{NJ(J+1)g^2\mu_B^2}{3k_B T} = \frac{Np^2\mu_B^2}{3k_B T} = \frac{C}{T} \qquad \text{Gl. 9}$$

C ist die *Curie-Konstante* und Gl. 9 wird als das *Curie'sche Gesetz* bezeichnet. Paramagnetische Materialien besitzen ohne Anlegen eines äußeren Magnetfeldes keine messbare Magnetisierung, da alle magnetischen Momente ungeordnet sind und sich aufheben. Durch Anlegen eines äußeren Feldes werden diese in Richtung des äußeren Feldes ausgerichtet und verstärken es. Bei Entfernung des äußeren Feldes geht die Ausrichtung sofort verloren und damit auch das indizierte Feld.
Anders ist es im Fall von ferromagnetischer Ordnung. Ferromagneten besitzen ein spontanes magnetisches Moment, d.h. ein Moment das auch ohne Anlegen eines äußeren Feldes vorhanden ist. Dies ist nur möglich, wenn die Elektronenspins und damit die magnetischen Momente in einem bestimmten Bereich geordnet sind und diese Ordnung nicht verloren geht. Eine solche Wechselwirkung wird als Austauschfeld oder auch *Weiß-Feld* bezeichnet. Dem ordnenden Effekt des Austauschfeldes steht die Wärmebewegung gegenüber, welche bei höheren Temperaturen die Spinordnung zerstört. Das Austauschfeld, hier als B_E bezeichnet, ist proportional zur Magnetisierung M und kann in der Molekularfeldnäherung beschrieben werden als:

$$B_E = \Lambda M \qquad \text{Gl. 10}$$

wobei Λ eine temperaturunabhängige Konstante ist. Die Curie-Temperatur ist die Temperatur, oberhalb der die spontane Magnetisierung verschwindet. Sie trennt die ungeordnete paramagnetische Phase bei T > T_C von der geordneten ferromagnetischen Phase bei T < T_C. In der paramagnetischen Phase ruft ein äußeres Feld B_A eine Magnetisierung hervor, die wiederum ein Austauschfeld B_E erzeugt. Für die paramagnetische Suszeptibilität χ_p gilt:

$$M = \chi_p(B_A + B_E)$$ Gl. 11

Unter der Annahme, dass sich die Probe in der paramagnetischen Phase befindet, tritt das Curie Gesetz Gl. 9 in Kraft. Wird nun Gl. 10 in Gl. 11 eingesetzt, folg daraus:

$$\chi = \frac{M}{B_A} = \frac{C}{(T-C\Lambda)}$$ Gl. 12

Die Suszeptibilität besitzt bei T = $C\Lambda$ eine Singularität, was bedeutet, dass bei dieser Temperatur und darunter eine spontane Magnetisierung auftritt, da für ein unendliches χ bei verschiedenen B_a ein endliches M auftreten kann. Aus Gl. 12 folgt das *Curie-Weiß-Gesetz*:

$$\chi = \frac{C}{T-T_C}$$ Gl. 13

Dieses gibt den Verlauf der Suszeptibilität im paramagnetischen Bereich oberhalb der Curie-Temperatur wieder. Praktisch bedeutet es, dass oberhalb der Curie Temperatur T_C die Ordnung in den einzelnen Bereichen, aufgrund der hohen thermischen Energie, verloren geht und sich Ferromagneten wie Paramagneten verhalten. Wird T_C unterschritten wird die ferromagnetische Ordnung wieder hergestellt.

Im Unterschied zu den ferromagnetischen Stoffen sind bei antiferromagnetischen Stoffen die Spins antiparallel zueinander ausgerichtet, so dass bei Temperaturen unterhalb der Ordnungstemperatur, auch *Neel-Temperatur T_N* genannt, das Gesamtmoment verschwindet, da beide Spingitter die gleiche Sättigungsmagnetisierung aufweisen. Oberhalb der Neel-Temperatur zeigen Antiferromagneten paramagnetisches Verhalten. Die Suszeptibilität im paramagnetischen Bereich (T > T_N) berechnet sich wie folgt:

$$\chi = \frac{2C}{T+T_N} \qquad \text{Gl. 14}$$

Ferrimagnetische Stoffe besitzen auch eine antiparallele Spinanordnung, nur dass sich die Spins nicht vollständig gegeneinander aufheben. Alle Spins in einem Spingitter stehen parallel zueinander, die Gitter jedoch antiparallel zueinander. Am Beispiel des Magnetits (Abb. 3) lässt sich der Ferrimagnetismus sehr gut erklären. Die Momente der Fe^{3+}-Ionen heben sich gegenseitig auf, so dass die Magnetisierung nur von den Momenten der Fe^{2+}-Ionen resultiert. Ferrimagneten sehen nach „Außen" hin wie Ferromagneten aus, besitzen aber aufgrund der teilweise aufhebenden Wirkung eine geringere Gesamtmagnetisierung.

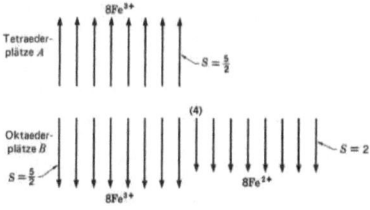

Abb. 3: Spinanordnung in Fe_3O_4[37]

Zurückkommend auf die geordneten Bereiche innerhalb von Ferromagneten, können folgende Beobachtungen bei $T \ll T_C$ gemacht werden. Ferromagnetische Stoffe besitzen oft ein magnetisches Moment, das viel kleiner ist, als das Sättigungsmoment. Die Ursache sind einzelne Domänen, welche in der Gesamtstruktur vorhanden sind. In diesen Domänen ist die Magnetisierung gesättigt, d.h. die Momente sind alle in eine Richtung ausgerichtet. Die Ausrichtung und die Richtung in den einzelnen Domänen sind nicht gleich, sondern statistisch verteilt. Die Domänen sind durch sogenannte *Bloch-Wände* voneinander getrennt. Diese befinden sich zwischen den einzelnen Domänen und grenzen die verschiedenen ferromagnetischen Domänen voneinander ab. In diesen Bloch-Wänden findet eine Änderung der Spinrichtung statt. Die Domänenstruktur bestimmt die wesentlichen Eigenschaften des Ferromagneten. In Abb. 4 sind die wichtigsten Parameter zur Charakterisierung eines Ferromagneten dargestellt. Bei Anlegen eines Magnetfeldes richten sich alle Domänen in Richtung des äußeren Feldes aus, so dass die Sättigungsmagnetisierung M_S erreicht wird. Der typische Verlauf der Magnetisierungskurve kommt zustande, weil sich bei niedrigen Feldern erst die günstig orientierten

2. Theorie

Domänen ausrichten. Bei starken Feldern dreht sich die Magnetisierung in Richtung des äußeren Feldes. Bei Abschalten des äußeren Feldes kehren die Domänen wieder in eine statistische Ausrichtung zurück. Wenn die thermische Energie nicht ausreicht alle Domänen statistisch zu verteilen oder Anisotropieeffekte im Gitter vorhanden sind, kann eine gewisse Restmagnetisierung M_R, auch Remanenz genannt, zurückbleiben. Damit die Restmagnetisierung aufgehoben werden kann, muss eine sogenannte Koerzitivfeldstärken H_C aufgebracht werden. Dieses äußert sich in einer Hysterese der Magnetisierungskurve.

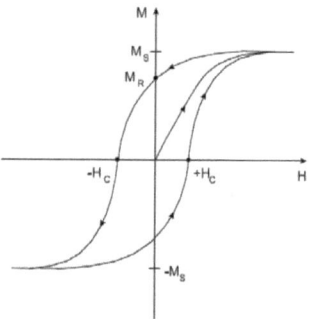

Abb. 4: Magnetisierungskurve eines ferromagnetischen Stoffes mit den wichtigsten Charakterisierungsparametern

Ein weiterer Faktor, welcher die magnetischen Eigenschaften beeinflusst, ist die Partikelgröße. Große Partikel liegen als Multidomänenteilchen vor und besitzen eine enge Hysteresekurve, da die Domänenwände bereits bei geringen Feldstärken bewegt werden können. Kleinere, ferromagnetische Partikel bestehen im Grundzustand aus Einzeldomänen, was zu einer verbreiterten Hysterese führt.[38] Nimmt die Partikelgröße noch weiter ab (< 30 nm), weisen die Partikel superparamagnetisches Verhalten auf. In diesem Bereich stellt jeder Partikel nur eine magnetische Domäne dar, bzw. besteht nur aus einem Weißschen Bezirk. Die Teilchen sind so klein, dass die Umgebungstemperatur ausreicht, um die magnetischen Dipole in Rotation zu versetzen. Superparamagnetische Materialien zeigen keine Hysterese, d.h. sie behalten keine Restmagnetisierung nach Entfernen des Magnetfeldes. Die physikalische Grundlage des Superparamagnetismus liegt in der Relaxationszeit τ der Partikel und ist beschrieben durch:

$$\tau = \tau_0 e^{\frac{\Delta E}{k_B T}} \qquad \text{Gl. 15}$$

mit ΔE als Energiebarriere für die Umkehr des magnetischen Moments und k_B der Boltzmann Konstante. Die Energiebarriere ΔE kann beschrieben werden als:

$$\Delta E = KV \qquad \text{Gl. 16}$$

mit V Volumen des Partikels und K der Anisotropiekonstante. Bei Superparamagnetismus ist ΔE bei Raumtemperatur vergleichbar mit $k_B T$, was dazu führt, dass die thermische Energie ausreicht um das magnetische Moment umzukehren. Eine Ausrichtung des Gesamtmoments ist dann nicht mehr möglich. Die Partikel verhalten sich dann paramagnetisch. Da die magnetischen Momente nicht einzeln sondern als „Blöcke" auf das Magnetfeld reagieren, wird dieses als superparamagnetisch bezeichnet. Auch ist superparamagnetisches Verhalten abhängig von der Messzeit τ_m und der Messtechnik. Ist die Messzeit τ_m viel größer als die Relaxationszeit $\tau \ll \tau_m$ reorientiert sich das Moment schnell und die Partikel scheinen paramagnetisch zu sein. Für $\tau \gg \tau_m$ erfolgt das Umklappen langsam, so dass der Zustand „blockiert" ist. Die sogenannte „blocking-Temperatur" T_B ist definiert als der Mittelpunkt dieser Zustände. Besitzen Materialien eine blocking-Temperatur kleiner Raumtemperatur RT, können sie als superparamagnetisch bei Raumtemperatur bezeichnet werden.

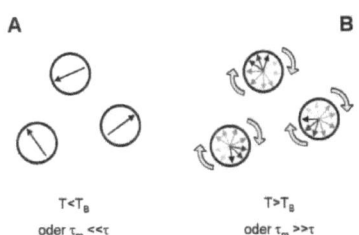

Abb. 5: a) blockierter Zustand und b) scheinbar paramagnetischer Zustand[38]

2.3 Metallcarbide und Metallnitride

Metallcarbide und Metallnitride werden im Feld der Materialwissenschaft als Hartstoffe bezeichnet. Im Allgemeinen besitzen Metallcarbide/nitride (MC/N) eine hohe Härte und Verschleißfestigkeit, hohe Schmelzpunkte und thermische Stabilität, sowie sehr gute chemische Beständigkeit. Auch ihre guten optischen, elektronischen und magnetischen Eigenschaften machen diese Materialien sehr interessant für viele Gebiete der Wissenschaft. Aufgrund des metallischen Charakters besitzen MC/N elektrische Leitfähigkeit. Ihre extreme Härte entsteht durch Nichtmetallatome in den Gitterlücken und durch die starke Bindung von Metall/Nichtmetall, wodurch ein Verschieben der einzelnen Metallschichten verhindert wird. Wolframcarbid (WC) z.b. ist in etwa so hart wie Diamant und als Härteträger in allen technischen Hartmetallen vorhanden. Titancarbid (TiC) ist ebenfalls sehr hart und außerdem chemisch sehr widerstandsfähig vor allem gegenüber Säuren. Die Carbide der Übergangsmetalle (z.B. Hf, Ta, Zr, Nb, Ti) zählen zu den höchstschmelzenden Stoffen überhaupt.[39] Aufgrund dieser ausgezeichneten Materialeigenschaften finden MC/N Verwendung bei der Herstellung von Werkzeugen wie Bohrköpfen (WC), Schleifmitteln, Schneidekeramiken (TiC/N) oder Beschichtungen (CrC). Auch in Hochtemperatur-Anwendungen wie Heizwiderständen (SiC) kommen Carbide zum Einsatz.[40] GaN kommt in Halbleiterbauteilen in der Optoelektronik zum Einsatz,[41] VN wiederum in Elektroden für Superkondensatoren.[42] Auch als Katalysatoren finden NbC, TaC, WC oder Mo_2C Verwendung und werden in speziellen Fällen als Alternative zu Edelmetall-Katalysatoren angesehen.[43] Dieses breite Anwendungsspektrum zeigt die Nützlichkeit der Metallcarbide/nitride in allen Bereichen der Forschung, Wissenschaft und Technik.

Eisencarbid (Zementit) spielt vor allem in der Stahlherstellung eine wichtige Rolle, da mit diesem die Eigenschaften des Stahls, vor allem dessen Härte, beeinflusst werden kann. Des Weiteren kann Eisencarbid als Katalysator in der Fischer-Tropsch-Synthese verwendet werden,[44] wie auch als Katalysator bei dem katalysierten Ammoniak Zerfall.[45] Eisennitrid kann sowohl als Beschichtungsmaterial, wie auch als Material für magnetische Speichermedien verwendet werden. Vor allem aber die guten magnetischen Eigenschaften, in Verbindung mit den hervorragenden Materialeigenschaften, macht die Eisencarbide/nitride sehr interessant und damit zum Gegenstand dieser Dissertation. Im folgenden Kapitel sollen die Eisencarbide und –nitride, im Hinblick auf ihre Struktur, etwas genauer betrachtet werden.

2.3.1 Das Eisen-Kohlenstoff-Stickstoff-System

Eines der bekanntesten Zustandsdiagramme eines Zwei-Phasen Systems ist das Eisen/Kohlenstoff-Diagramm. Besonders in der Herstellung von Stahl ist dieses unverzichtbar, da sich mit der Temperatur und dem Kohlenstoffgehalt die Materialeigenschaften stark ändern. Das Fe/C-Diagramm gibt eine Übersicht über die Erscheinungsformen von Eisen und Kohlenstoff in Abhängigkeit der Temperatur und des Kohlenstoffgehaltes (Abb. 6). Das Phasendiagramm beschreibt den Bereich von reinem Eisen bis hin zum reinen Fe_3C, also von 0 – 6,67 Gew.-% Kohlenstoff. Unter Verwendung der Molekularmassen ergibt sich aus dem Atomverhältnis Fe/C von 3/1 ein maximaler Kohlenstoffanteil von 6,67 Gew.-% für 100 % Fe_3C. Da Zementit unter längerer Heizbehandlung in Eisen und Kohlenstoff zerfällt, wird es als metastabil betrachtet. Diese Eigenschaft macht die Synthese von reinem Fe_3C sehr schwierig, weil ein Zerfall zu metallischem Eisen und Graphit verhindert werden muss. Das Phasendiagramm beinhaltet viele verschiedene Zusammensetzungen, weshalb nur kurz die Wichtigsten erwähnt werden sollen. Eisen kann in der Modifikation von Ferrit (krz Gitter) oder Austenit (kfz Gitter) vorliegen. Bei Temperaturen kleiner 723 °C und C-Anteil von 0,02 – 6,67 Gew.-% tritt ein Phasengemisch aus Ferrit und Zementit auf, genannt Perlit. Bei einem C-Anteil > 2,06 % entsteht ein Phasengemisch, oberhalb 723 °C aus Austenit und Zementit und unterhalb 723 °C aus Perlit und Zementit, welches Ledeburit genannt wird. Wie bereits erwähnt, entsteht bei einem C-Anteil von 6,67 Gew.-% über dem kompletten Temperaturbereich das reine Zementit.

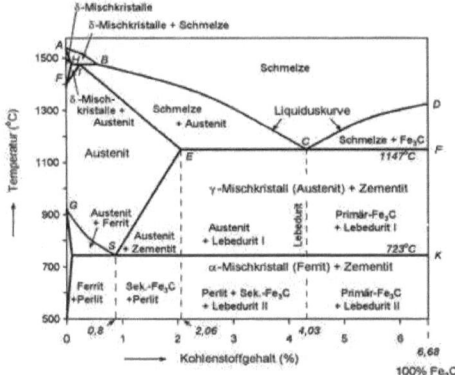

Abb. 6: Eisen-Kohlenstoff-Diagramm für Bulk-Materialien [46]

2.3.1.1 Zementit (Fe$_3$C)

Zementit ist eine interstitielle Verbindung aus Eisen und Kohlenstoff. Interstitielle Verbindungen, auch Einlagerungsmischkristalle genannt, sind chemische und kristalline Verbindungen aus mindestens zwei Elementen, meist einem Metall und einem Nichtmetall. Fe$_3$C kristallisiert in orthorhombischer Kristallstruktur mit einer Pnma Raumgruppe. Die Eisenatome bilden näherungsweise eine hexagonal dicht gepackte Struktur, jedoch verzerren sich die Schichten durch die Anpassung an den interstitiell eingelagerten Kohlenstoff. Die Einheitszelle besitzt vier Fe-Atome auf der 4c Position (Fe2) und acht nichtäquivalente Fe-Atome auf der 8d Position (Fe1). Die C-Atome sind auf der 4c Position zu finden. Die Zellparameter und die Kristallstruktur sind in Abb. 7 dargestellt.

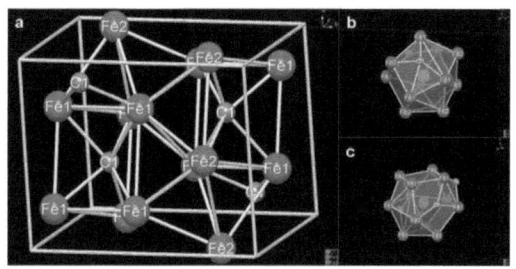

a = 5,089 Å
b = 6,744 Å
c = 4,523 Å
V = 155,24 Å^3

Abb. 7: a) Kristallstruktur des orthorhombischen Fe$_3$C, Umgebung des b) Fe1 und c) Fe2-Atoms (Ref. ICCD 00-035-0772 aus PDF-4+ 2009 RDB Datenbank)

2.3.1.2 Eisencarbid (Fe$_7$C$_3$)

Ein weiteres Eisencarbid, welches in dieser Arbeit synthetisiert wird, ist das Fe$_7$C$_3$. Dieses lässt sich nicht in dem regulären Fe/C-Phasendiagramm finden, da es einen Kohlenstoffanteil von 8,4 Gew.-% aufweist. Zwei verschiedene Kristallstrukturen sind in der Literatur für Fe$_7$C$_3$ zu finden. Herbstein et al. ermittelten ein hexagonales Gitter, strukturgleich mit Ru$_7$B$_3$.[47] Im Gegensatz dazu ermittelte Fruchart et al. ein orthorhombisches Gitter.[48] Beide Strukturen sind sehr ähnlich, weshalb sie als streng verwand betrachtet werden können.[49] Dies spiegelt sich auch in den XRD-Spektren beider Kristallstrukturen wieder, welche nur sehr geringe Unterschiede aufweisen. Die synthetisierten Proben konnten dem hexagonalen Typ zugeordnet werden, was teilweise mit der Mößbauer-Spektroskopie bestätigt werden konnte. Da genauere kristallographische Untersuchungen nicht durchgeführt wurden, kann die orthorhombische Form nicht komplett ausgeschlossen werden.

Das hexagonale Fe_7C_3 besitzt eine $P6_3mc$ Raumgruppe. Es befinden sich drei verschiedene Eisenspezies in dem Gitter, neun Fe-Atome auf der 6c Position (Fe2), 5 Atome auf der 6c Position (Fe1) und 2 Atome auf der 2b Position (Fe3), was ein Verhältnis von 1/0,55/0,22 für Fe2/Fe1/Fe3 ergibt. Weitere Zellparameter sind in Abb. 8 dargestellt.

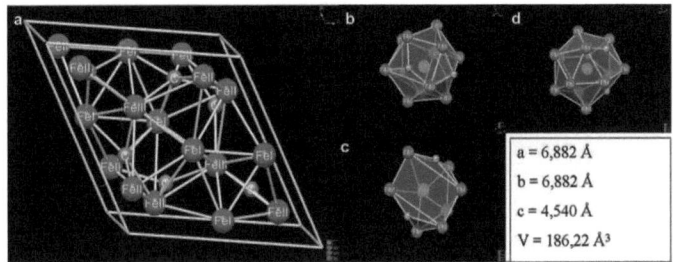

Abb. 8: a) Kristallstruktur des hexagonalen Fe_7C_3, Umgebung des b) Fe1, c) Fe2 und d) Fe3-Atoms (Ref. ICCD 04-003-2411 aus PDF-4+ 2009 RDB Datenbank)

2.3.2 Das Eisen-Stickstoff-System - speziell Eisennitrid (Fe_3N)

Das Eisen/Stickstoff-System beinhaltet, ähnlich des Fe/C-Systems, verschiedene Komponenten und Zusammensetzungen. Jack entwickelte das in Abb. 9 dargestellte Phasendiagramm. Dieses beinhaltet verschiedene Phasen, wie z.B. Eisen gesättigte Verbindungen wie α–Fe(N), α'-FeN und verschiedene interstitielle Verbindungen mit verschiedener Anzahl von Stickstoffatomen (ζ-Fe_2N oder γ'-Fe_4N). Das ϵ-Fe_3N_{1+x} System nimmt einen großen homogenen Bereich des Phasendiagramms ein. Speziell auf das stöchiometrische ϵ-Fe_3N soll nun etwas näher eingegangen werden. Dieses besitzt einen maximalen N-Gehalt von 7,7 Gew.-% und kristallisiert in einem hexagonalen Kristallsystem mit der Raumgruppe $P6_322$. Es ist, wie das Fe_3C, eine interstitielle Verbindung. Die Elementarzelle beinhaltet sechs Fe-Atome auf der 6g Position und zwei N-Atome auf der 2c Position. Die Fe-Atome befinden sich auf der AB Position und bilden ein hexagonal dicht gepacktes Gitter. Zwischen den Eisenschichten befinden sich die N-Atome in den Oktaederlücken (Abb. 10c).

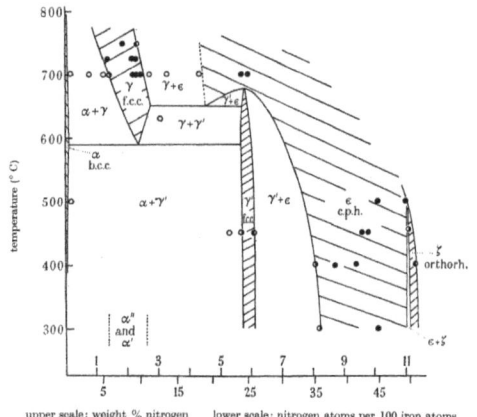

Abb. 9: Eisen/Stickstoff-Phasendiagramm nach Jack[50]

Bei stöchiometrischen Fe_3N sind nur 1/3 der Lücken mit N gefüllt (2c Position). Die Eisenatome haben nur eine chemische Umgebung. Bei nicht-stöchiometrischen Fe_3N können auch die restlichen Oktaederlücken mit N-Atomen teilweise gefüllt werden (2b Position, Gitterecken in Abb. 10b), was zwei zusätzliche chemische Umgebungen für die Fe-Atome schafft. Die Kristallstruktur und weitere Gitterparameter sind in Abb. 10 dargestellt.

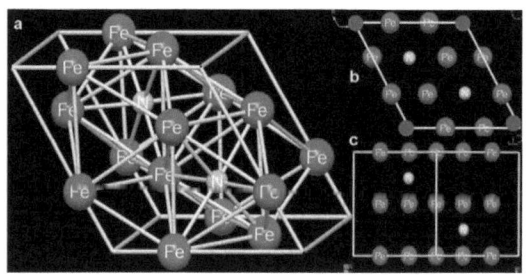

a = 4,692 Å
b = 4,692 Å
c = 4,362 Å
V = 83,36 Å³

Abb. 10: a) Kristallstruktur des hexagonalen Fe_3N, b) in {001} Richtung und c) in {110} Richtung (Ref. ICCD 04-007-2961 aus PDF-4+ 2009 RDB Datenbank)

2.4 Die „Harnstoff-Glas-Route"

In der Literatur existiert eine Vielzahl von Methoden für die Synthese von verschiedenartigen Nanostrukturen. Auch gibt es verschiedene Syntheserouten für ein und dieselben Klasse von Nanostrukturen. Dies ist einerseits notwendig, da bei vielen Methoden die Eigenschaften der jeweiligen Materialien, wie z.b. Größe oder Form der Nanopartikel, nicht verändert werden können. Anderseits macht es diese Fülle von Synthesewegen schwierig, den Zugang zu systematisieren. Deshalb ist es immer besonders erstrebenswert, eine generelle Methode für die Synthese einer Stoffklasse von Materialien zu finden. Wenn diese Methode noch dazu einfach, billig, sicher und relativ umweltfreundlich ist, ist die Aussicht auf ein großes Anwendungsfeld gegeben. Speziell für Metallcarbide/nitride existieren eine Vielzahl von physikalischen und chemischen Methoden, wie gepulste-Laser-Abscheidung oder Reaktionen im Lichtbogen.[51] Bei den chemischen Methoden spielen z.b. die direkte Nitridierung/Carbidisierung der jeweiligen Elemente,[52] der Metalloxide,[53] und die carbothermale Reduktion-Nitridierung (CRN) oder Ammonolyse der Metallchloride, eine wichtige Rolle.[54] Zwar existieren Methoden, bei denen mehr als ein Metallcarbid/nitrid synthetisiert werden kann, jedoch müssen dabei potentiell gefährliche bzw. giftige Chemikalien bei hohen Temperaturen verwendet werden.[55] Wenn die Reaktion über Harnstoff verläuft, sind längere Reaktionswege von Nöten.[56] Die Harnstoff-Glas-Route zeigt eine einfachen, schnelle und sichere Methode, mit der eine Vielzahl von Metallcarbiden und Metallnitriden synthetisiert werden können. Bis heute ist es gelungen, Metallcarbide/nitride aus Mo, W, Nb, Cr, Ti, Ga, V, Fe und Ni zu synthetisieren.[10, 11, 57] Dieses große Spektrum an Elementen zeigt die Variabilität und Einsatzfähigkeit der Methode. Da in dieser Arbeit hauptsächlich Eisen verwendet wurde, soll die Methode an diesem erklärt werden. Die Harnstoff-Glas-Route kann als Kombination zwischen einem Sol-Gel-Prozess und einem carbothermalen Reduktions-/Nitridierungsprozess angesehen werden.

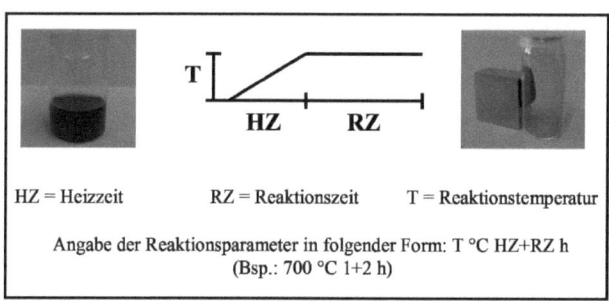

Abb. 11: Parameter für die Heizbehandlung der Ausgangsgele

Als Ausgangsmaterialien dienen die jeweiligen Metallchloride, eine C/N-Quelle und ein entsprechendes Lösemittel. Als erstes wird das entsprechende Metallchlorid, hier als Beispiel Eisen(III)chlorid Hexahydrat, in Ethanol gelöst. Dies hat zur Folge, dass die Eisensalze aufgrund des Wasseranteils im Ethanol, solvatisiert und hydrolysiert werden (1) und hat den Vorteil, dass die Chloridionen in Form von HCl aus dem Reaktionsgemisch entweichen können. Im nächsten Schritt (2) bilden sich Metall-Orthoester, welche mit der Zugabe und Koordination der Harnstoffmoleküle (3) das Ausgangsmaterial bilden. Aufgrund dieser Komplexbildung und der Einbindung der Ethanol-Moleküle, bildet sich eine gelartige Masse, welche durch Entfernen des restlichen Lösemittels zu einer glasartigen, amorphen Zwischenphase reagieren kann. Natürlich ist auch von Wasserstoffbrückenbindungen und anderen elektrostatischen Bindungen auszugehen, da die Gelstruktur sehr reich an OH und NH_2 Gruppen ist. Diese gelartige bzw. anschließend glasartige Zwischenphase ist, mit der Koordination der Harnstoffmoleküle am Metallatom, die Voraussetzung für die Bildung der Carbide und Nitride durch die carbothermale Reduktion /Nitridierung bei höheren Temperaturen (Parameter des Heizprozesses sind in Abb. 11 dargestellt). Die chemische Umgebung der Fe-Atome ist von besonderer Bedeutung, da mit dieser die Reaktion beeinflusst werden kann. Am Effektivsten kann diese mit der Variation der C/N-Quelle oder auch mit dem Verhältnis Fe:C/N Quelle beeinflusst werden. Die einzelnen Reaktionsschritte, die für die Komplexbildung notwendig sind, sind zur Übersicht in Abb. 12 dargestellt.

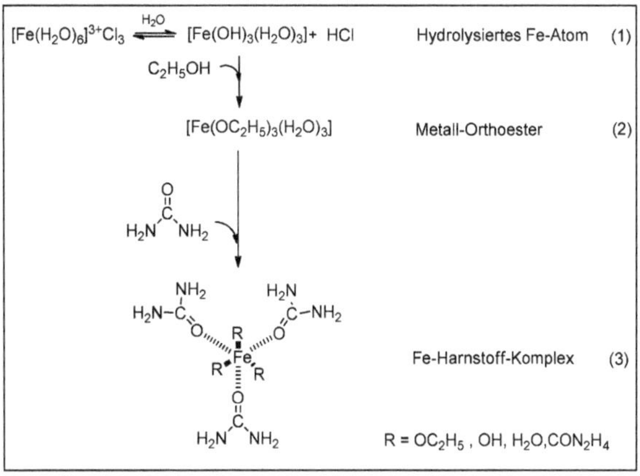

```
[Fe(H₂O)₆]³⁺Cl₃  ⇌(H₂O)  [Fe(OH)₃(H₂O)₃]+ HCl       Hydrolysiertes Fe-Atom   (1)
        C₂H₅OH ↓
              [Fe(OC₂H₅)₃(H₂O)₃]                    Metall-Orthoester        (2)
```

Abb. 12: Reaktionsschritte zur Bildung des Harnstoff/Eisen-Gels

Die Koordination der Harnstoff-Moleküle mit den Eisenatomen kann mit IR-Messungen gezeigt werden (siehe Abb. 13a). Aus der Literatur ist bekannt, dass die Koordination C=O→Fe der Koordination N→Fe bevorzugt wird.[58] Dies ist deutlich an dem Verschwinden der IR-Bande um 1680 cm⁻¹, welche der CO Streckschwingung zugeordnet werden kann, zu erkennen . Diese wird durch die Koordination C=O→Fe gehindert. Wie vorher beschrieben, können auch andere C/N-Quellen verwendet werden. In dieser Arbeit wurde das 4,5-Dicyanoimidazol (DI) verwendet. Es gibt zwei Möglichkeiten wie DI an dem Fe-Atom koordinieren kann, entweder über die CN-Gruppen oder über eines der Ring-Stickstoffatome. In Übereinstimmung mit anderen Arbeiten ist eine Koordination über die Ring-Stickstoffatome wahrscheinlicher.[59] Neben der Koordination wurde eine Hydrolyse der CN-Gruppen beobachtet. Diese können in saurem Medium zu den entsprechenden Amiden und Carboxylsäuren reagieren.[60] Dabei wird das Amid sofort gebildet, kann aber säurekatalysiert direkt zur Carbonsäure weiterreagieren (4). Da in diesem Fall ein saures Medium vorliegt, kann als Hauptprodukt die Carbonsäure angenommen werden. Bestätigt wird dies durch das Erscheinen von IR-Banden bei 3000 cm⁻¹, 1650 cm⁻¹ und 1075 cm⁻¹, welche den OH, C=O und C-O Streckschwingungen zugeordnet werden können (Abb. 13b). Da aber auch Banden bei 3300 cm⁻¹ und 1720 cm⁻¹ zu erkennen sind, muss zudem von den entsprechenden Säureamiden oder Gemischen beider ausgegangen werden. Die Reaktion und die entstandenen Produkte sind in Abb. 14 zusammengefasst.

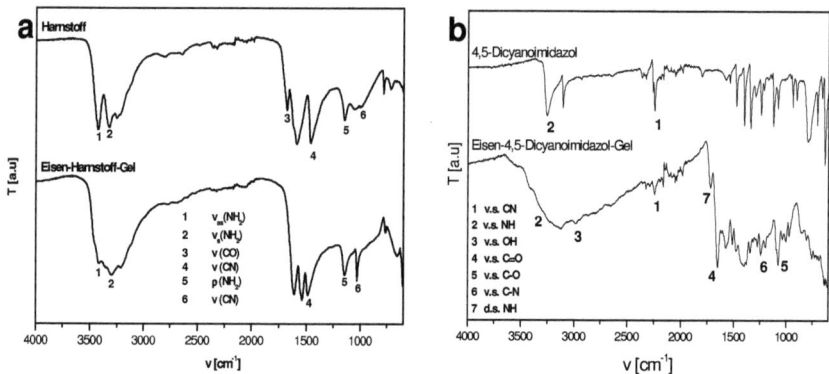

Abb. 13: IR-Messungen des a) Fe/Harnstoff-Gels und b) des Fe/DI-Gels. Die Spektren des Harnstoffs und 4,5-Dicyanoimidazols sind zu Vergleichszwecken ebenfalls dargestellt.

Im weiteren Reaktionsverlauf bildet sich durch Heizen, unter Massenverlust, eine amorphe C/N/O-reiche Zwischenphase. Es kommt zur Nukleation der Partikel, anschließend zu der carbothermalen Reduktion/Nitridierung des Eisens und endet mit der Entstehung der Eisencarbide/Nitride. Genauere Mechanismen und die Abhängigkeit von den entsprechenden C/N-Präkursoren, werden in den einzelnen Kapiteln gegeben.

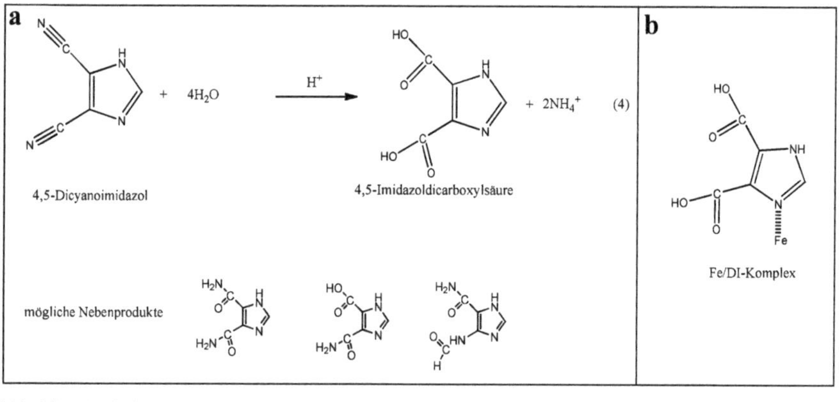

Abb. 14: a) Hydrolyse-Reaktion des 4,5-Dicyanoimidazols und mögliche Nebenprodukte und b) Fe/DI-Koordination

Der entscheidende Schritt, für die Entstehung der Nanopartikel, ist der nahe Kontakt der C-Quelle mit der zu reduzierenden Spezies. Dies wird in der Harnstoff-Glas-Route durch die Entstehung der Gel-artigen Phase gewährleistet. Die Urea Glass Route ist eine einfache, billige, ungefährliche und schnelle Methode, um Metallcarbide und Metallnitride zu synthetisieren. Der große Vorteil gegenüber anderen Methoden ist die Einfachheit und die große Produktvielfalt, welche durch diese erreicht werden kann.

2.5 Methoden

2.5.1 Elektronenmikroskopie

Elektronenmikroskope bieten die Möglichkeit Objekte im Nanometerbereich zu visualisieren und zu untersuchen. Dabei können sie Informationen über Morphologie und Struktur, aber auch Zusammensetzung und Kristallinität geben. Die Auflösung d eines Elektronenmikroskops kann, wie bei einem Lichtmikroskop, nach *Abbe* berechnet werden:

$$d = \frac{\lambda}{2n \cdot \sin\alpha} \qquad \text{Gl. 17}$$

mit der Wellenlänge λ, Brechungsindex n und α der halbe Öffnungswinkel des Objektivs. Für Lichtmikroskope ist die Auflösung aufgrund von λ_{vis} = 400 nm auf ungefähr 300 nm große Objekte beschränkt. Mit der Verwendung von Elektronenstrahlung kann diese um ein Vielfaches erhöht werden. *De Broglie* postulierte, dass nicht nur Licht, sondern auch Teilchen, Welleneigenschaften besitzen. Die Wellenlänge eines Elektrons berechnet sich nach De Broglie:

$$\lambda = \frac{h}{m_e \cdot v} \qquad \text{Gl. 18}$$

mit dem Planckschen Wirkungsquantum h, Masse des Elektrons m_e und Geschwindigkeit v. In der Elektronenmikroskopie ist die Geschwindigkeit der Elektronen von der Beschleunigungsspannung abhängig. Diese kann so gewählt werden, dass Wellenlängen von etwa 0,001 nm erreicht werden können. Es existieren zwei Haupttypen von Elektronenmikroskopen, die Rasterelektronenmikroskope (REM bzw. REM) und die Transmissionselektronenmikroskope (TEM). Beide wurden in dieser Arbeit verwendet um die synthetisierten Materialien, in Bezug auf Morphologie und Struktur, zu untersuchen.

2.5.1.1 Transmissionselektronenmikroskopie (TEM)

Im Prinzip sind Elektronenmikroskope aufgebaut wie Lichtmikroskope (Abb. 15), jedoch werden anstelle von optischen Linsen magnetische Linsen verwendet. Als Elektronenquelle dient eine Glühkathode (z.b. Wolframdraht), aus der, durch Heizen auf ca. 2700 K, Elektronen emittiert werden. Durch Anlegen einer Beschleunigungsspannung (50 - 200 kV) werden die Elektronen zur Anode beschleunigt. Damit die Elektronen nicht durch andere Gasteilchen absorbiert werden, muss unter Hochvakuum gearbeitet werden. Durch Elektromagnete kann der Elektronenstrahl gebündelt und zielgerichtet werden. Die Elektromagnete verhalten sich dabei wie Linsen in einem Lichtmikroskop. Die Elektronen treffen auf die Probe, welche sich auf einem Kohlenstoff-beschichteten Probenträger zwischen Kondensor und Objektiv befindet. Aufgrund der niedrigen Eindringtiefe von Elektronen muss die Probe sehr dünn sein. Die Elektronen gelangen durch die Probe entweder ohne Behinderung vorbei (transmittierter Strahl) oder werden durch die Atomkerne der Probe gestreut (elastische Streuung) bzw. durch die Elektronen in der Hülle abgelenkt (unelastische Streuung). Aus dem transmittierten Strahl wird das Bild erzeugt, wobei dichtere Regionen der Probe oder schwerere Elemente mehr Elektronen streuen und somit dunkler erscheinen. Die Vergrößerung des Bildes ist die Summe aus allen Vergrößerungen der einzelnen Linsen. Das vergrößerte Bild wird auf einem Fluoreszenzbildschirm dargestellt. Unter diesem befindet sich eine CCD-Kamera, welche die digitale Erfassung der Bilder ermöglicht. Außerdem bietet die TEM die Möglichkeit, die elastisch gestreuten Elektronen zu verwenden, um SEAD (Selected Area Electron Diffraction) Daten zu erhalten. Diese gibt die kristalline Struktur der untersuchten Probe wieder. Hochauflösende TEM (HR-TEM) bietet die Möglichkeit selbst Strukturen kleiner als 0,1 nm, wie z.B. die Gitternetzlinien einzelner Nanopartikel, zu untersuchen.

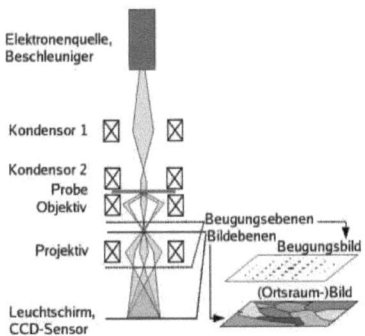

Abb. 15: Aufbau eines Transmissionselektronenmikroskops [61]

2.5.1.2 Rasterelektronenmikroskopie (REM)

Die Rasterelektronenmikroskopie verwendet die von der Oberfläche eines Objektes gestreuten Elektronen, um ein dreidimensionales Bild zu erzeugen. Die Elektronen, werden wie bei der TEM erzeugt, gebündelt und zielgerichtet über das Objekt geführt. Dies erfolgt in einem bestimmten Muster, weshalb man von „rastern" spricht. Die Beschleunigungsspannung ist mit einem Wert von 8 – 30 kV dabei niedriger als die der TEM. Der Elektronenstrahl trifft auf die Probenoberfläche und kann mit dieser wechselwirken. Wenn die Energie der Elektronen größer ist als das Ionisierungspotential der Elemente, welche sich an der Probenoberfläche befinden, können Sekundärelektronen (SE) emittiert werden. Diese Elektronen sind relativ langsam und können von der Probe abgelenkt und von dem Detektor gezählt werden. Der Detektor zählt die SE in einer bestimmten Zeit und wandelt diese Zählrate in ein elektrisches Signal um. Das endgültige Bild ist aufgebaut aus der Information der Elektronenanzahl jedes einzelnen Punktes der Probe. Dabei ist die Menge an SE stark abhängig von der Oberflächengeometrie der Probe. Je mehr SE, umso heller erscheint die Probe. Ecken und konvexe Oberflächen erscheinen heller, weil sie die Entstehung der SE unterstützen, konkave Flächen demzufolge dunkler. Aufgrund dieses Verhaltens können dreidimensionale Aufnahmen der Probe erhalten werden. Die Menge an SE ist außerdem abhängig von dem Material der zu untersuchenden Probe. Durch den Elektronenbeschuss bildet sich eine Ladung auf der Oberfläche, welche im Fall eines Nichtleiters nicht entweichen kann. Diese Materialien müssen vorher mit einer leitenden Schicht, wie z.B. einer Gold oder Gold/Palladium Legierung, überzogen werden.

Mit der TEM und REM kann ein Einblick in die Morphologie und die Struktur der synthetisierten Materialien gewonnen werden und ist hier somit unverzichtbar für deren Charakterisierung.

2.5.2 Röntgendiffraktometrie

Die Röntgendiffraktometrie basiert auf der Wechselwirkung von elektromagnetischer Strahlung mit Materie. Elektromagnetische Strahlung mit einer Wellenlänge von ca. 10^{-10} m wird als Röntgenstrahlung bezeichnet. Diese kann durch die Abbremsung von hochenergetischen Elektronen oder durch den Übergang von Elektronen auf die inneren Orbitale der Atome erzeugt werden. Röntgenstrahlen werden in einer Vakuumröntgenröhre erzeugt, die im Prinzip aus zwei Elektroden besteht; einer Anode, meist aus Kupfer und einer Kathode, meist aus Wolfram. Die Kathode wird erhitzt, wobei Elektronen emittiert werden, welche mit einer hohen Spannung beschleunigt werden und auf die Anode treffen. Wenn jetzt diese Elektronen genug Energie besitzen, können sie Elektronen von den inneren Schalen der Metallatome des Anodenmaterials herausschlagen. Elektronen von den äußeren Schalen können diese Lücken, durch den Übergang auf ein niedrigeres Energieniveau, wieder auffüllen. Durch diesen Prozess werden Röntgenstrahlen emittiert. Die Wellenlänge der emittierten Strahlung ist abhängig von dem Anodenmaterial und wird als charakteristische Linie bezeichnet. Normalerweise erfolgen diese Übergänge von höheren Schalen entweder auf die K-Schale oder auf die L-Schale. Bei einer Kupfer-Anode ist die typische Wellenlänge der K_α-Linie 0,154 nm, welche auch bei den röntgendiffraktometrischen Messungen dieser Arbeit verwendet wird. Bei der Erzeugung von Röntgenstrahlung entsteht außerdem eine kontinuierliche „Bremsstrahlung", welche aber nicht weiter betrachtet werden soll.

Bei der Wechselwirkung von Röntgenstrahlung mit Materie können verschieden Effekte auftreten: *elastische* und *inelastische* Streuung oder auch *Fluoreszenz*. Bei der elastischen Streuung besitzen die ausfallenden Wellen die gleiche Energie bzw. Wellenlänge wie die einfallenden Röntgenstrahlen, bei der inelastischen hingegen besitzen die ausfallenden Wellen eine größere Wellenlänge und sind damit weniger energetisch. Inelastische Streuung kann, z.B. bei der Wechselwirkung mit einem Kristall auftreten, wenn ein Elektron von einer inneren Schale auf ein höheres Energieniveau angehoben wird. Wenn die Energie der Röntgenstrahlen höher ist als das Ionisationspotential der Atome der Probe, kann es, durch die Relaxation von hochenergetischen Elektronen in ein niedrigeres Energieniveau, zu Fluoreszenz kommen. Diese Fluoreszenz kann für chemische Analysen genutzt werden,

Röntgenbeugung hingegen kann nur mit den elastisch gestreuten Röntgenstrahlen betrieben werden. Die Streuung an einer periodischen Struktur, zu welchen Kristallgitter zählen, wird Beugung genannt. Wenn Röntgenstrahlen auf Materie treffen, kommt es zu Wechselwirkungen mit den Elektronen der Atome. Die Verteilung der Elektronen wird mit $\rho(\vec{r})$ beschrieben. Jedes Elektron in einem Kristall kann als Streuzentrum dienen. Die Anzahl der Elektronen in einer Volumeneinheit kann als $\rho(\vec{r})d^3\vec{r}$ beschrieben werden. Die Streuung von Röntgenstrahlen an Materie ist an zwei Streuzentren (A und B) in Abb. 16 dargestellt.

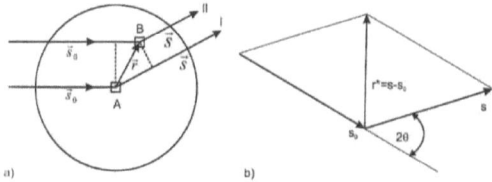

Abb. 16: a) Streuung von Röntgenstrahlen an zwei Punkten A und B und b) Definition von $\vec{r}^*$ [37]

A liegt im Ursprung, $\vec{s_0}$ ist der Einheitsvektor in Richtung des Primärstrahls, der Streuvektor $\vec{s}$ der Einheitsvektor in Richtung der gestreuten Strahlung. Die Phasendifferenz zwischen den beiden Volumenelementen A und B gestreuten Strahlen ergibt sich nach Gl. 19 zu:

$$\varphi = \frac{2\pi}{\lambda} \cdot (\vec{s} - \vec{s_0}) \cdot \vec{r} = 2\pi(\vec{r}^* \cdot \vec{r}) \qquad \text{Gl. 19}$$

$$\text{mit } \vec{r}^* = \frac{1}{\lambda}(\vec{s} - \vec{s_0}) \text{ und } \vec{r}^* = \frac{2\sin\theta}{\lambda}$$

Der durch $\vec{r}^*$ aufgespannte Raum wird in der Kristallographie als reziproker Raum bezeichnet und ist in Abb. 16b graphisch dargestellt. Im Fall von N Streuzentren gilt für die Amplitude $A(\vec{r}^*)$ der gestreuten Welle:

$$A(\vec{r}^*) = \sum_{j=1}^{N} A_j e^{2\pi \cdot i \cdot (\vec{r}^* \cdot \vec{r}_j)} \qquad \text{Gl. 20}$$

wobei A_j die Amplitude der gestreuten Welle am j-ten Streuzentrum ist. Werden die Streuzentren nicht mehr als kontinuierlich angenommen, ist die gesamte gestreute Welle unter Verwendung der Elektronendichtefunktion gegeben durch:

$$F(\vec{r}^*) = \int_V \rho(\vec{r}) e^{2\pi \cdot i \cdot (\vec{r}^* \cdot \vec{r}_j)} d^3\vec{r} = T[\rho(\vec{r})] \qquad \text{Gl. 21}$$

mit T-Operator der Fourier-Transformation. $A(\vec{r}^*)$ ist experimentell aber nicht direkt verfügbar, sondern nur die Streuintensität $I(\vec{r}^*)$, welche proportional dem Quadrat der Amplitude ist.

$$I(\vec{r}^*) \propto |F(\vec{r}^*)|^2 \qquad \text{Gl. 22}$$

Während eines typischen Experimentes wird die Streuintensität $I(\vec{r}^*)$ als eine Funktion des Streuwinkels 2θ gemessen. Für die geometrische Interpretation der Röntgenbeugung lieferte W. L. Bragg 1912 folgende Lösung. Er führte die Röntgenbeugung auf die selektive Reflexion an einer Netzebenenschar zurück. Die einzelnen Netzebenen sind durch den Netzebenenabstand d voneinander getrennt. Trifft die Röntgenstrahlung auf eine dieser Ebenen, wird sie reflektiert. Da Röntgenstrahlen energiereiche Strahlen sind, können diese auch in den Kristall eindringen und an einer zweiten Netzebene gebeugt werden. Beide Strahlen besitzen den gleichen Beugungswinkel, der tiefer in den Kristall eingedrungene Strahl muss aber einen längeren Weg zurücklegen. Ist dieser längere Weg ein ganzzahliges Vielfaches der Wellenlänge λ des ersten Strahles, dann interferieren beide Strahlen und verstärken sich, im umgekehrten Fall wird die Strahlung ausgelöscht. Man kann also feststellen, dass nur bei bestimmten Werten des Winkels θ eine Reflexion stattfindet. Dieser Zusammenhang wird in der Bragg Gleichung beschrieben.

$$n\lambda = 2d \sin \theta \qquad \text{Gl. 23}$$

Aus den erhaltenen Beugungsreflexen können die Millerschen Indizes hkl identifiziert werden und mit diesen die Zellparameter und die Raumgruppe der Elementarzelle. Außerdem kann aus der Form der Beugungspeaks Rückschlüsse auf die Morphologie der Probe gezogen werden. Perfekte Kristallgitter besitzen scharfe und schmale Peaks, währenddessen Fehlstellen und abnehmende Kristallgröße zu einer

Peakverbreiterung führen. Eine Abschätzung der Kristallitgröße kann mit der Scherrer Gleichung getroffen werden:

$$\Delta d = \frac{0,9\lambda}{FWHM \cdot \cos\theta} \qquad \text{Gl. 24}$$

mit FWHM (full width at half maximum) als Peakbreite auf halber Höhe. Der Faktor 0,9 wird verwendet für Peaks, welche als Gauß-Funktion beschrieben werden können. Die Röntgenbeugung ist ein mächtiges Werkzeug der Strukturaufklärung, da mit dieser mehr oder weniger alle kristallinen Materialien identifiziert werden können. Der Vergleich der Diffraktogramme mit Datenbanken macht eine Identifizierung sehr einfach. Die Röntgenbeugung ist in dieser Arbeit eine der Hauptcharakterisierungsmethoden und bietet die Grundlage der Identifizierung der synthetisierten Materialien.

2.5.3 Mößbauer Spektroskopie

Bei der Mößbauer Spektroskopie handelt es sich um die rückstoßfreie Kernresonanzabsorption von γ-Strahlen, welche erstmals 1958 von Rudolf Mößbauer entdeckt wurde. Die Grundlage der Spektroskopie bildet die elektronische und magnetische Veränderung in der Umgebung der Kernzustände. Für die praktische Anwendung ist vor allem das ^{57}Fe Isotop von entscheidender Bedeutung. Der Zerfall von radioaktiven Nukliden erzeugt hochangeregte Tochternuklide, welche dann unter Emission von γ-Quanten in den Grundzustand gelangen. Angeregte $^{57}_{26}Fe$ Zustände können nach folgender Gleichung erzeugt werden:

$$^{57}_{27}Co^* + ^{0}_{-1}e \rightarrow ^{57}_{26}Fe^* \qquad (5)$$

Die γ-Quanten Emission und der Zerfallsprozess ist in Abb. 17 gezeigt.

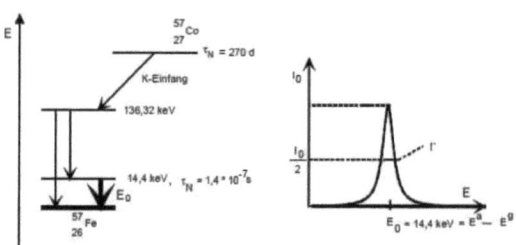

Abb. 17: Energieniveauschema und Emissionsspektrum von ^{57}Fe[62]

Der Übergang bei E_0 = 14,4 keV ist besonders günstig für spektroskopische Anwendungen, da er eine endliche Lebensdauer von τ_N = 1,41·10^{-7} s besitzt und damit keine scharfe Energie. Die Halbwertsbreite kann mit der Heisenbergsche Unschärferelation auf Γ = 4,66·10^{-9} eV berechnet werden. Die Intensitätsverteilung der emittierten γ-Quanten und die Halbwertsbreite sind in Abb. 17 dargestellt.

Rückstoßfreie Kernresonanz kommt nur bei Kernen vor, welche stark in ein Kristallgitter eingebunden sind und wird begünstigt durch tiefe Temperaturen. Bei der Emittierung eines γ-Quanten von freien Atomen muss, aufgrund der Impuls- und Energieerhaltung, eine Rückstoßenergie nach Gl. 25 beachtet werden.

$$E_R = \frac{E_y^2}{2mc^2}$$ Gl. 25

Dabei ist E_y die Energie des γ-Photons, c die Lichtgeschwindigkeit und m die Kernmasse. Für freie Fe-Kerne kann nach Gl. 25 eine Rückstoßenergie von E_R = 1,96·10^{-3} eV berechnet werden, was zur Folge hat, dass die Resonanzabsorption relativ gering ist. Bei Festkörpern wird diese Energie von dem ganzen Kristallgitter aufgenommen und ist somit verschwindend gering, was zu Resonanzabsorption führt.

Im Folgenden sollen nun die elektrischen Wechselwirkungen und die damit verbundenen Hyperfeinstrukturen (HFS) der Mößbauerspektren etwas genauer betrachtet werden. Die Energie E_{el} am Ort des Kernes ergibt sich nach Gl. 26 zu,

$$E_{el} = \frac{1}{2}\Sigma_{\alpha=1}^{3}(V_{\alpha\alpha})_0 \int \rho_n(r)\left(x_\alpha^2 - \frac{r^2}{3}\right)d\tau + \frac{1}{6\varepsilon_0}e|\Psi(0)|^2\int \rho_n(r)r^2 d\tau \qquad \text{Gl. 26}$$

mit $\Sigma_{\alpha=1}^{3}(V_{\alpha\alpha})_0 = \frac{e}{\varepsilon_0}|\Psi(0)|^2$ und $\Sigma_{\alpha=1}^{3}(V_{\alpha\alpha})_0 = \frac{e}{\varepsilon_0}|\Psi(0)|^2$

mit der Kernladungsverteilung ρ_n, dem Diagonalelement $V_{\alpha\alpha}$ des elektrischen Feldgradienten, r dem effektiven Kernradius, ε_0 der Permittivität des Vakuums und ρ_e der Ladungsdichte, welche die Elektronen am Kernort erzeugen. Der erste Term stellt die elektrische Quadrupolwechselwirkung mit einem elektrischen Feldgradienten dar. Der zweite Term stellt die elektrische Monopolwechselwirkung, welche sich aufgrund der räumlichen Ausdehnung ergibt, dar. Bei der Mößbauer Spektroskopie können prinzipiell 3 verschiedene Effekte beobachtet werden. Der erste Effekt ist die *Isomerieverschiebung*. Wird der Kern durch die γ-Quanten angeregt, ändert sich die Ladungsverteilung und somit auch der effektive Radius. Verbunden damit, werden die Energieniveaus vom Grund- und angeregten Zustand unterschiedlich verschoben. Das Gleiche gilt für die Energieniveaus der Atome in der Probe, nur dass bei diesen zusätzlich die s-Elektronendichte am Kernort verschieden ist. Daraus resultiert ein anderer Energieunterschied bei der Probe ΔE_P als bei der Quelle ΔE_Q. Die Isomerieverschiebung δ ist somit der Unterschied zwischen beiden Aufspaltungen.

$$\delta = \Delta E_P - \Delta E_Q = \frac{1}{10\varepsilon_0}Ze^2\{|\Psi(0)|_P^2 - |\Psi(0)|_Q^2\}(R_a^2 - R_g^2) \qquad \text{Gl. 27}$$

mit $Ze = \int \rho_n(r)d\tau$

In Abb. 18 ist die Aufspaltung und die daraus resultierende Verschiebung graphisch dargestellt.

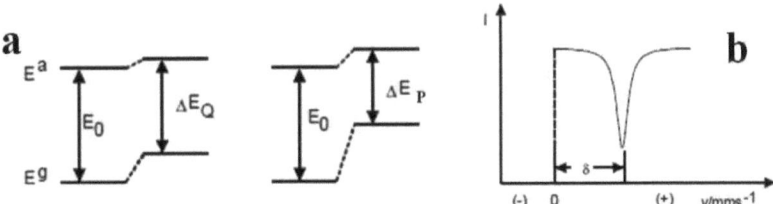

Abb. 18: a) Energieniveauschema der Quelle und der Probe, mit E^g Grundzustand und E^a angeregter Zustand. b) zeigt die Verschiebung im Mößbauer Spektrum.[62]

2. Theorie

Als Schlussfolgerung lässt sich sagen, dass bei großer Änderung im angeregten Zustand auch die Isomerieverschiebung groß ist.

Der zweite messbare Effekt ist die *Quadrupolwechselwirkung*, welche durch den zweiten Term in Gl. 26 ausgedrückt wird. Sie existiert nur für Kernniveaus mit der Drehimpulsquantenzahl $I > 1/2$. Bei diesen Zuständen ist die Kernladungsverteilung nicht kugelsymmetrisch, so dass daraus ein Kernquadrupolmoment resultiert. Dieses wechselwirkt mit dem elektrischen Feldgradienten, was, durch die von der Kugelsymmetrie abweichende elektronische Umgebung des Kerns, hervorgerufen wird. Die Quadrupolwechselwirkung E_{QW} berechnet sich wie folgt:

$$E_{QW} = \frac{eQV_{zz}}{4I(2I-1)}[3m^2 - I(I+1)]\left(1+\frac{\eta^2}{3}\right)^{1/2} \qquad \text{Gl. 28}$$

$$\text{mit } \eta = \frac{V_{xx}-V_{yy}}{V_{zz}}$$

eQ ist hier das skalare Quadrupolmoment und V_{zz} der Hauptachsenwert des elektrischen Feldgradienten. Für Eisen besitzt nur der angeregte Zustand ($I = 3/2$) ein Quadrupolmoment, was mit der Auswahlregel $\Delta m_I = 0; \pm 1$ nur zwei Übergänge zulässt. Für ^{57}Fe berechnet sich die Quadrupolaufspaltung Δ_Q nach Gl. 29 zu:

$$\Delta_Q = \frac{1}{2}eQV_{zz}\left(1+\frac{\eta^2}{3}\right)^{1/2} \qquad \text{Gl. 29}$$

Das Energieniveauschema und die daraus resultierende Aufspaltung sind in Abb. 19 dargestellt.

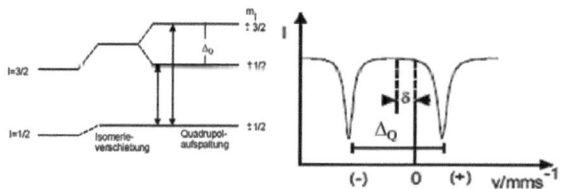

Abb. 19: Quadrupolaufspaltung und Isomerieverschiebung am Beispiel von ^{57}Fe[62]

Der dritte und letzte Effekt ist die *magnetische Aufspaltung*. Durch die *Zeeman*- Wechselwirkung der magnetischen Momente des Kerns und einem Magnetfeld am Kernort, kann es zu einer weiteren

Aufspaltung der Kernniveaus, entsprechend der möglichen Orientierungsquantenzahlen m_I nach Gl. 30, kommen. Das Magnetfeld am Kernort kann entweder durch ein externes Feld oder durch magnetische Momente ungepaarter Elektronen hervorgerufen werden.

$$E_{m_i} = -m_i \gamma \hbar B = -\mu \frac{m_i}{I} B \qquad \text{Gl. 30}$$

Dabei ist μ das kernmagnetische Moment, B die magnetische Flussdichte und E_{mi} die Energie, der durch den Zeeman Effekt hervorgerufenen, einzelnen Energieniveaus. Für ^{57}Fe führen die oben genannten Auswahlregeln zu einer Hyperfeinaufspaltung von 6 Linien (Abb. 20).

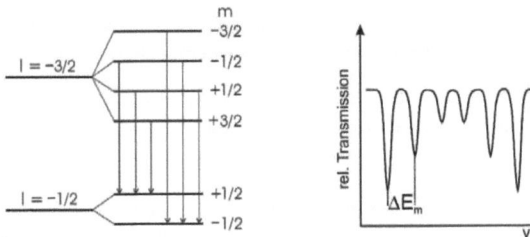

Abb. 20: Magnetische Aufspaltung und daraus resultierendes Mößbauerspektrum[63]

Alle Proben mit magnetischen Momenten, die eine lokale Vorzugsrichtung besitzen, zeigen eine magnetische Aufspaltung, wie ferro- oder antiferromagnetische Stoffe unterhalb der Ordnungstemperatur.

Experimentell werden Mößbauer Spektren gemessen, indem die γ-Emissionsenergie über einen gewissen Bereich variiert wird. Erreicht wird dies durch eine Relativbewegung von Quelle und Probe zueinander, was zu einer periodischen Änderung der Frequenz der emittierten Strahlung führt. Die Frequenzabstimmung findet unter Ausnutzung des *Doppler-Effektes* statt. Ein experimenteller Aufbau ist in Abb. 21 dargestellt. Die von der Quelle emittierten und von der Probe nicht absorbierten γ-Quanten werden durch den Detektor registriert. Die Aufnahme des Spektrums erfolgt durch einen Vielkanalanalysator, bei dem alle Kanäle nacheinander geöffnet werden. Jeder Kanal entspricht einem bestimmten Energiefenster. Dabei ist die Kanalzahl der Relativgeschwindigkeit proportional. Das daraus resultierende Spektrum ist die Summe der einzelnen Impulse jedes Kanals und der Kanalzahl und damit der Relativgeschwindigkeit zwischen Quelle und Probe.

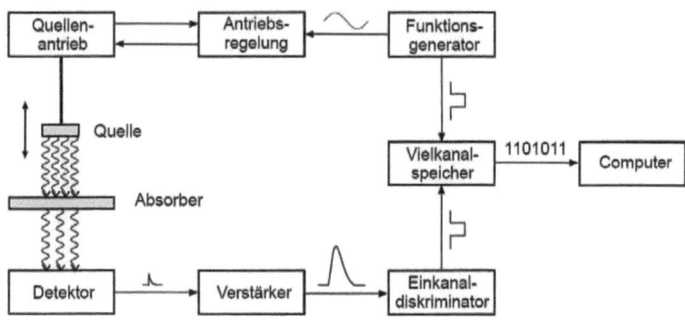

Abb. 21: Blockschaltbild eines Mößbauer-Spektrometers[63]

Die Anwendung der Mößbauer Spektroskopie beruht mehr auf den Auswirkungen der substanzeigenen elektrischen und magnetischen Felder, welche die Energien der Kernniveaus beeinflussen, als auf dem eigentlichen Effekt. Diese liefern Informationen über die chemische Umgebung der Kerne und sind somit für jede Eisenspezies verschieden. Obwohl die Wechselwirkungsenergien, im Vergleich zu dem Haupteffekt, sehr klein sind, lassen sie sich im Mößbauer Spektrum auflösen, da die Resonanzabsorptionslinie sehr scharf ist. Die Mößbauer-Spektroskopie besitzt die höchste Auflösung aller Spektroskopiearten.

3. Ergebnisse und Diskussion

3.1 Eisencarbid und Eisennitrid Nanostrukturen

Wird davon ausgegangen, dass die Hauptanwendungen der Eisencarbide/nitride im Bereich der Katalyse und in der Anwendung als magnetische Flüssigkeiten (Ferrofluide) liegen, sind folgende Eigenschaften wichtig. Allgemein müssen Materialien, die als Katalysator zum Einsatz kommen, inert gegenüber dem Reaktionsmedium sein. Sie sollten in verschiedenen chemischen Medien stabil sein, um eine weite Einsatzfähigkeit zu gewährleisten und sie sollten eine große spezifische Oberfläche aufweisen, da die Reaktionen auf der Oberfläche des Katalysators stattfinden. Die Tatsache, dass die meisten kristallinen Eisenverbindungen magnetisch sind, erhöht die Nützlichkeit dieser Katalysatoren, da sie sehr leicht, durch Anlegen eines Magnetfeldes, aus dem Reaktionsgemisch entfernt werden können. Aufwendige Filtrationen sind in diesem Fall nicht notwendig. Abgesehen von einer großen spezifischen Oberfläche spielt die Morphologie des Materials bei Katalysatoren eine untergeordnete Rolle. Anwendungen, bei denen die Morphologie eine entscheidende Rolle spielt, sind die der magnetischen Flüssigkeiten. Magnetische Flüssigkeiten sind Dispersionskolloide, welche aus ferro-, ferrimagnetischen oder superparamagnetischen Nanopartikeln bestehen, auch Ferrofluide genannt. Die für Ferrofluide benötigten Nanopartikel müssen dispergiert und stabil in einer Lösung vorliegen, sie dürfen kein Aggregationsverhalten zeigen, dürfen sich chemisch nicht verändern und müssen für den Einsatz in biologischen Medien ungiftig sein. Die wichtigste Eigenschaft jedoch ist, dass sie superparamagnetisch sein müssen und deshalb eine bestimmte Größe nicht überschreiten dürfen.

In den folgenden Kapiteln wird gezeigt, dass Eisencarbid/nitrid ein geeignetes Material für diese Anwendungen sein kann und das durch geeignete Reaktionswege und Modifizierung der Reaktionsparameter verschiedene Nanostrukturen hergestellt werden können, die oben genannte Eigenschaften erfüllen.

3. Ergebnisse und Diskussion

3.1.1 Synthese mittels Eisenchlorid

Wie in Kapitel 2.4 beschrieben, ist es möglich, verschiedene Metallcarbide/nitride mit der „Harnstoff-Glas-Route" zu synthetisieren. Als Ausgangstoffe wurden die jeweiligen Metallchloride (mit oder ohne Kristallwasser) und Harnstoff als Kohlenstoff/Stickstoff-Quelle verwendet. Der Vorteil der Metallchloride ist, dass diese meist in Ethanol gut löslich sind und aufgrund der Hydrolyse der Eisen-Ionen das Chlorid-Ion, in Form von HCl, aus dem Reaktionsgemisch entweicht. Ein weiterer Vorteil ist die Abwesenheit von Sauerstoff, da Metalle meist sehr stabile Oxide bilden und diese dann eingeschränkt reaktionsfähig sind. Auch enthalten Metallchloride keinen weiteren Kohlenstoff und Stickstoff, wie z.B. Eisenacetat, welcher anschließend in amorpher Form in der synthetisierten Probe vorliegen könnte. In Bezug auf den finanziellen Aspekt sind Eisenchloride die kostengünstigsten Verbindungen.

In den Folgenden Synthesen wird beschrieben, wie unter Verwendung verschiedener Eisensalze und Variation der C/N-Quelle, Eisencarbid mit unterschiedlichen Morphologin synthetisiert werden konnte.

3.1.1.1 Synthese von Eisencarbid (Fe_3C) Nanopartikeln

Ausgehend von dem in Kapitel 2.4 beschriebenen glasartigen Startmaterial (Abb. 22a) und anschließender carbothermalen Reduktion unter bestimmten Heizbehandlungen, ist es möglich, Eisencarbid zu synthetisieren. Erste Tests mit Eisen(III)chlorid Hexahydrat und Harnstoff führten zwar zu kristallinen Fe_3C, aber dieses enthielt zum einen hohe Verunreinigungen von metallischem Eisen und Kohlenstoff und führten zum anderen nicht zu den gewünschten Nanopartikeln. Durch die Verwendung von Eisen(II)chlorid Tetrahydrat und Zugabe von Eisenpentacarbonyl im molaren Verhältnis 2:1 und der damit verbundenen Änderung der Oxidationsstufen des Eisens, konnten die gewünschten Nanopartikel synthetisiert werden.

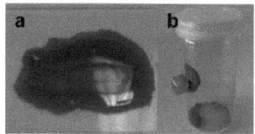

Abb. 22: a) Ausgangsgel und b) magnetische Nanopartikel nach Heizbehandlung

Um einen Überblick über den Reaktionsmechanismus zu erhalten, wurden TGA-Messungen von dem Ausgangsgel unter N_2 in einem Temperaturbereich von RT - 1000 °C durchgeführt. Die erhaltene Zersetzungskurve ist in Abb. 23 dargestellt und ist ähnlich denen anderer Metall-Harnstoff-Gele.[11] Zusätzliche Informationen über die entstanden Zersetzungsprodukte wurden durch eine thermische Zersetzung des Ausgangsgels mit anschließender GC-MS erhalten. Die Ergebnisse sind im Anhang Abb. 1 zusammengefasst.

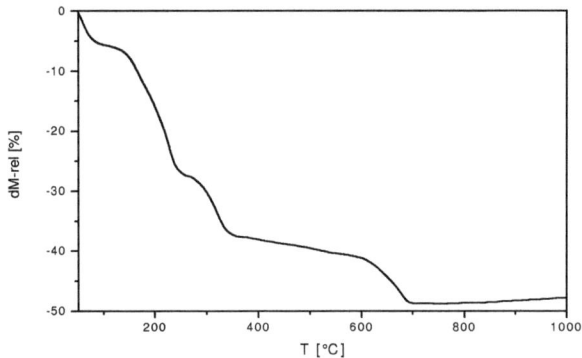

Abb. 23: TGA-Zersetzungskurve des Eisen-Harnstoff-Gels

Die TGA-Zersetzungskurve zeigt bis ca. 130 °C den Verlust des restlichen Ethanols und anschließend den Zerfall des Harnstoffs bei 150 °C bis 350 °C. Die thermische Zersetzung von Harnstoff ist in der Literatur[64] beschrieben und kann durch die GC-MS Messungen bestätigt werden (Hauptzersetzungsprodukte sind CO_2 und NH_3, Anhang Abb. 1). Das IR-Spektrum dieser Zwischenphase (Anhang Abb. 6, 200 °C) zeigt sich kaum verändert gegenüber dem Ausgangsspektrum, abgesehen von einer neu erscheinenden Bande bei ca. 1330 cm^{-1}, welche der Streckschwingung aromatischer Amine zugeordnet werden kann. Die dazugehörigen XRD-Messungen (Anhang Abb. 4, 200 °C) zeigen kristalline Beugungsreflexe mit niedrigen Intensitäten, welche aber nicht eindeutig zugeordnet werden können. Mit den Ergebnissen der IR- Spektren kann davon ausgegangen werden, dass die Harnstoffmoleküle mit den Fe^{2+}-Ionen zu einer ungeordneten, teilkristallinen, C/N-haltigen Phase reagieren. Das Zwischenprodukt kann in das endgültige Produkt, durch Heizen von 400 °C auf 700 °C, überführt werden, wobei die Nukleation und carbothermale Reduktion stattfinden. Die dabei entstehenden Zersetzungsprodukte sind C/N-Verbindungen und CO_2. In dem IR-Spektrum (Anhang Abb. 6, 400 °C) sind nur noch breite Schwingungsbanden zu beobachten, welche charakteristisch für aromatische C/N-Heterocyclen (1200 – 1600 cm^{-1}) und für primäre und sekundäre Amine (ca. 3000 – 3500 cm^{-1}) sind. Das XRD-Spektrum (Anhang Abb. 4, 400 °C) zeigt wiederum kristalline Peaks mit niedriger Intensität, welche wiederum nicht zugeordnet werden können, aber im Vergleich zu dem 200 °C Spektrum verändert sind.

In diesem Fall führte weiteres Heizen über 700 °C nicht zu weiterem Masseverlust, sondern zu der Zersetzung des Fe_3C in elementares Eisen (Fe^0) und graphitischen Kohlenstoff (G).[65] Nach Zuhilfenahme der TGA-Ergebnisse wurden die Ausgangsprodukte unter Stickstoff auf 700°C geheizt. Nach dem Abkühlen auf RT, wurde ein schwarz/silbernes magnetisches Pulver erhalten (Abb. 22b), welches ausführlich charakterisiert wurde.

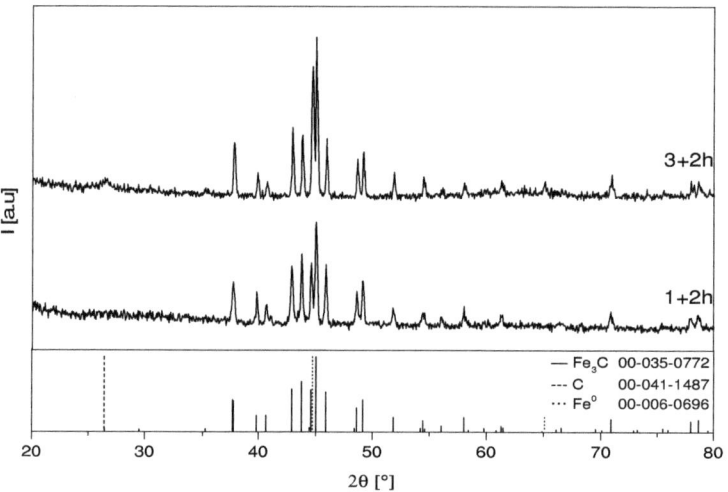

Abb. 24: Röntgendiffraktogramm von Fe_3C, synthetisiert mit unterschiedlichen Heizraten

Abb. 24 zeigt die röntgendiffraktometrische Messung der synthetisierten Nanopartikel. Es wurden zwei verschiedene Diffraktogramme mit unterschiedlicher Heizzeit (HZ) gegenübergestellt. Zum Vergleich wurde das berechnete Diffraktogramm des orthorhombischen Fe_3C ebenfalls dargestellt (Ref. ICDD

00-035-0722*). Mit einer kurzen HZ von 1 h (Abb. 24, 1+2h) konnte kristallines Eisencarbid synthetisiert werden, keine anderen kristallinen Nebenprodukte konnten identifiziert werden. Um eventuelles Partikelwachstum mit Verlängerung der HZ zu erreichen, wurden Tests mit längeren HZ durchgeführt. Es zeigte sich, dass mit Erhöhen der HZ auf über 2 h auch der Zerfall des Eisencarbids in elementares Eisen und Graphit startete. Der Zerfall von Fe_3C in Fe^0 und Graphit in Abhängigkeit der Temperatur ist wohl bekannt und in der Literatur beschrieben.[65] Zu erkennen ist dieser Zerfall an dem Entstehen eines breiten Peaks um $2\theta = 26$ ° für Graphit (Ref. ICDD 00-041-1487) und der größeren Intensität des Peaks $2\theta = 44{,}7$ ° für elementares Eisen (Ref. ICDD 00-006-0696). Derselbe Effekt wurde mit Erhöhen der Reaktionszeit (RZ) auf über 2 h beobachtet. Da auch die Erhöhung der Temperatur auf über 700°C den Zerfall zu C und Fe^0 begünstigte, ist eine Veränderung der Heizbehandlung für eine eventuelle Modifizierung der Partikel (Größe, Kristallinität etc.) nicht möglich.

Die Röntgenstreuung ist in der Art limitiert, da sie nur qualitative Aussagen über kristalline Strukturen machen kann und nur sehr geringe Aussagen über amorphe Phasen. Außerdem können meist kleinere Phasenanteile nicht erkannt werden, da diese entweder im Basislinien-Rauschen untergehen oder von den Peaks der Hauptphase überlagert werden (Bsp. Fe^0 und Fe_3C). Eine Technik, mit der auch kleinste Phasen erkannt werden können und auch quantitative Aussagen getroffen werden können, ist die Mößbauer Spektroskopie.

Abb. 25 zeigt das gemessene Mößbauer Spektrum der Fe_3C-Nanopartikel bei Raumtemperatur. Da die Eisenatome im Fe_3C-Gitter zwei verschiedene Gitterplätze einnehmen (Fe_G = general site (8d), Fe_S = special site (4c)), sollte die Fe_3C-Phase mit zwei Sextetten gefittet werden. Da die Hyperfeinaufspaltungen (H) der Sextette, aber mit 20,5 T und 20,7 T, sehr nah beieinander liegen, kann das Spektrum nur mit einem Sextett angenähert werden.[66] Zwei verschiedene Eisenspezies konnten identifiziert werden. Als erstes, zu 97 % (bezogen auf die gefittete Fläche), das magnetische Sextett des Fe_3C mit einer Hyperfeinaufspaltung von H = 20,7 T und einer Isomerieverschiebung von $\delta = 0{,}10$ mm/s. Die Werte sind typisch für Fe_3C und können durch Literaturwerte bestätigt werden.[66] Als zweites konnte ein Dublett, zu 3 %, identifiziert werden. In Übereinstimmung mit Sajitha et al. kann das Dublett superparamagnetischen/paramagnetischen Fe_3C-Nanopartikeln zugeordnet werden.[67] Nähere Erläuterungen, speziell in Bezug auf das auftretende Dublett, siehe auch Kapitel 5.1.2. Die Ergebnisse bestätigen die XRD-Messungen, dass nur eine

---

* ICCD = International Center for Diffraction Data

kristalline Eisenphase, nämlich das Fe₃C, vorliegt und geben erste Hinweise auf Superparamagnetismus.

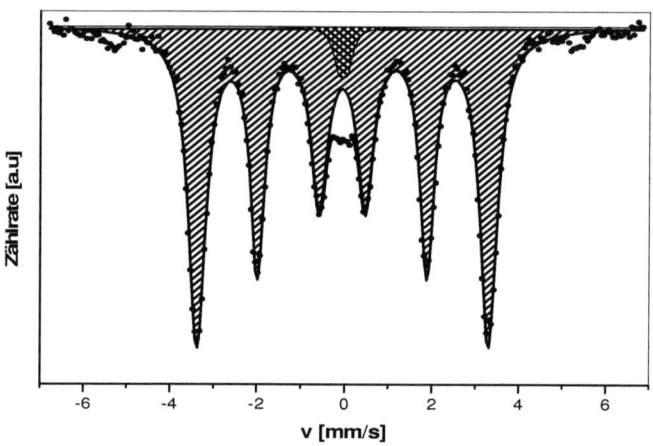

Abb. 25: Mößbauer Spektrum der Fe₃C-Nanopartikel gemessen bei RT
(Fit ▬, Dublett ▩▩▩, Sextett ▨▨▨)

Eine geeignete Methode, die Anwesenheit bzw. Abwesenheit von graphitischen Kohlenstoff zu zeigen, ist die Raman Spektroskopie. In Abb. 26 sind typische Raman Spektren der synthetisierten Proben dargestellt. Der Unterschied zwischen beiden Proben ist die Heizzeit. Mit einer Heizzeit von 3 h beginnt der Zerfall zu Fe^0 und Graphit, welches sich in einem typischen Peak-Dublett bei 1340 cm^{-1} für die D-Bande („disordered") und 1580 cm^{-1} für die G-Bande („graphitic") widerspiegelt. [68] Bei der Probe, welche bei einer Heizzeit von 1 h synthetisiert wurde, ist dieses Peak-Dublett nicht vorhanden, d.h. auch kein graphitischer Kohlenstoff. In diesem Fall ist ein Peak um 1290 cm^{-1} zu erkennen, wobei es sich um amorphen Kohlenstoff handeln könnte, der mit der Partikeloberfläche der Fe₃C-Nanopartikel eine elektronische Kopplung eingeht. Diese Kopplung beeinflusst die Raman Banden und verschiebt diese zu kleineren Frequenzen.[69] Die Banden unter 800 cm^{-1} können Streck-Schwingungen zwischen Eisen und Kohlenstoff im Fe₃C zugeordnet werden.[70] Interessanterweise sind diese Raman Schwingungen bei bulk-Fe₃C inaktiv oder können aufgrund des metallischen Charakters nicht beobachtet werden.[71] Die Tatsache, dass sich diese Schwingungen hier im Spektrum wiederfinden, kann auf einen Symmetriebruch, hervorgerufen durch Oberflächen- und Größeneffekte, zurückgeführt werden. Raman Schwingungen, die durch solche Effekte aktiv werden, sind in Literatur bekannt; die D-Bande für Kohlenstoff ist ein Beispiel.[72]

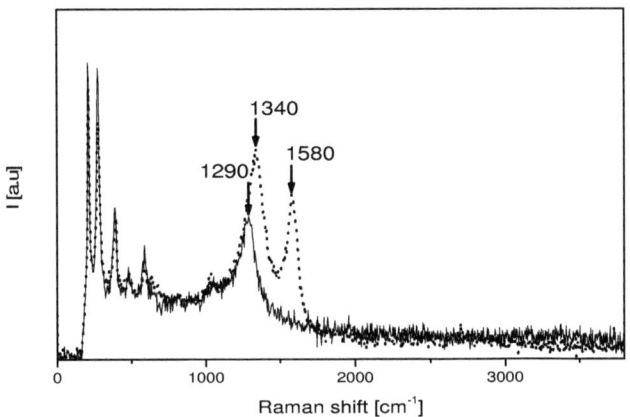

Abb. 26: Raman Spektren von synthetisierten Fe_3C-Nanopartikeln mit 1h HZ (durchgezogene Linie) und 3 h HZ (gepunktete Linie)

Einen weiteren Hinweis für einen extra C-Anteil bieten die Ergebnisse der Elementaranalyse (siehe Tab. 1). Der Kohlenstoffanteil in der Probe beträgt, bei einem Eisenanteil von 68 Gew.-%, ca. 23 Gew.-%. Wird von einem maximal gebundenen C-Anteil in Fe_3C von ca. 6 Gew.-% ausgegangen, besitzt die Probe ca. 18 Gew.-% an zusätzlichem Kohlenstoff. Dieser Kohlenstoff könnte eine einzelne dünne Schicht ($\approx$ 0,3 nm als Monolayer) um die Partikel bilden, was mit den Raman Ergebnissen übereinstimmen würde. Ob dies tatsächlich der Fall ist, oder ob der Kohlenstoff als Nebenprodukt vorliegt, kann mit Hilfe der Elektronenmikroskopie geklärt werden.

3. Ergebnisse und Diskussion

Tab. 1: Experimentelle Daten von Fe$_3$C-Proben hergestellt bei 700 °C mit unterschiedlichen Heizraten

HZ+RT	Produkte (XRD)	Elementaranalyse				spezifische Oberfläche [m^2/g]
		N	C	O	Fe	
		in [Gew.-%]				
1 + 2	Fe$_3$C	1,8	22,9	7,0	67,9	70,1
3 + 2	Fe$_3$C, Fe^0, Graphit	1,3	21,7	7,6	69,4	68,2

Um Informationen über die Form, Größe, Monodispersität und Homogenität des synthetisierten Eisencarbids zu erhalten, wurden Untersuchungen mit dem Rasterelektronenmikroskop (REM) und dem hochauflösende Transmissionselektronenmikroskop (HR-TEM) vorgenommen (Abb. 27).

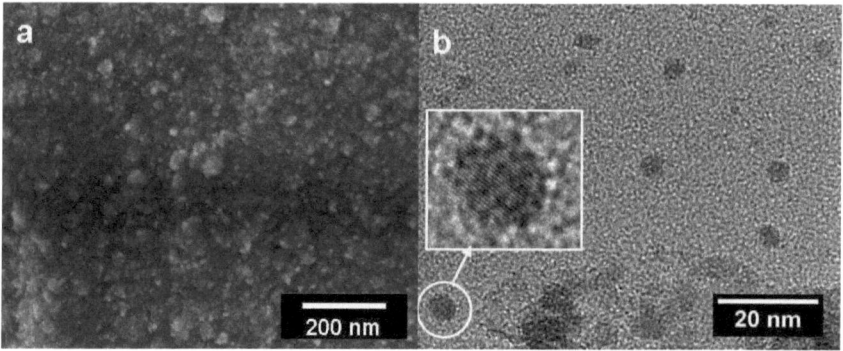

Abb. 27: Elektronenmikroskopische Aufnahmen des Fe$_3$C synthetisiert bei 700°C 1+2h: a) REM- und b) HR-TEM-Aufnahmen bei unterschiedlicher Vergrößerung. Der vergrößerte Bereich zeigt die Gitternetzlinien eines einzelnen Nanopartikels.

Die REM-Aufnahme (Abb. 27a) zeigt die große Homogenität der Probe, mit über weiten Bereichen sehr dicht zusammen gelagerten Partikeln, was der Probe eine sehr einheitliche Oberfläche verleiht. Die HR-TEM-Aufnahme (Abb. 27b) unterstreicht das Vorhandensein von einzelnen, kleinen Nanopartikeln mit einem Durchmesser von d = 5 – 10 nm. Es muss aber erwähnt werden, dass der größte Teil der Nanopartikel aggregiert vorliegt. Der vergrößerte Bereich in Abb. 27b zeigt deutlich den einzelkristallinen Charakter jedes Partikels. Der Netzebenenabstand in diesem und weiteren

Partikeln konnte auf d = 0,20 nm bestimmt werden, was in guter Übereinstimmung mit dem theoretischen Wert von d = 0,2013 nm für die {031} Ebene des orthorhombischen Fe_3C liegt. Liegt die Partikelgröße im Nanometer Bereich, wird diese über die Verbreiterung der XRD-Peaks wiedergegeben (siehe Kap. 2.5.2). In diesem Fall stimmt die mit der Elektronenmikroskopie ermittelte Partikelgröße von d = 5 – 10 nm nicht mit der dazugehörigen (über die Peakbreite des Röntgendiffraktogramms berechnet) Größe, von d = 30 – 40 nm, überein. Dies kann durch eine orientierte Aggregation der Nanopartikel erklärt werden. Die hauptsächliche Triebkraft einer solchen orientierten Aggregation kann im Allgemeinen auf die Reduzierung der hohen Oberflächenenergie zurückgeführt werden,[73] und im Fall von superparamagnetischen Nanopartikeln, zusätzlich auf eine magnetische Wechselwirkung.[74] Abb. 28a zeigt ein Aggregat der Fe_3C-Nanopartikel. Aufgrund einer bevorzugten Magnetisierungsrichtung können sich die Partikel so anordnen, dass die im HR-TEM sichtbaren Gitternetzlinien der einzelnen Partikel parallel zueinander ausgerichtet sind und es zu oben erwähnten Effekten kommen kann (siehe Schema 28c).[75] Dies wird durch die Feinbereich Elektronenbeugungsaufnahme (SAED) in Abb. 28b bestätig. Diese zeigt sowohl Muster für orientierte Strukturen (orientierte Aggregate) als auch Muster für einkristalline Strukturen (Nanopartikel). Beschrieben sind solche orientierten Aggregations-Effekte z.B. für Fe_3O_4-Nanopartikel,[73] und für eine Zahl von anderen stark wechselwirkenden Nanostrukturen.[76]

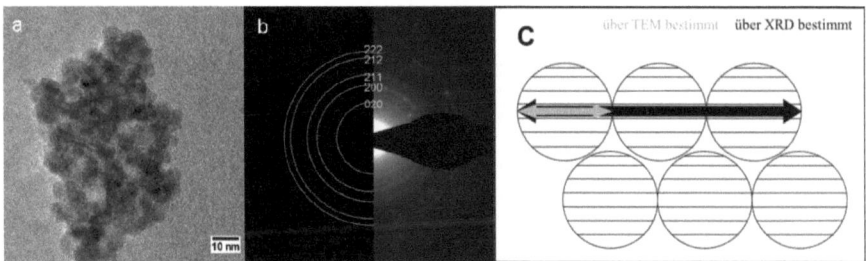

Abb. 28: a) TEM-Aufnahme, b) dazugehörig SAED Aufnahme (Diffraktionslänge: 420 nm) eines Fe_3C-Aggregates und c) Schema der orientierten Aggregation

Um die SEAD-Aufnahme zu indexieren, wurde ein Gold-Standard benutzt und anschließend die theoretischen Werte mit den experimentellen Werten verglichen. Alle erhaltenen Ringe konnten dem orthorhombischen Fe_3C zugeordnet werden. Die Zahlenwerte befinden sich im Anhang Tab.1.

Die magnetischen Eigenschaften der Fe_3C-Nanopartikel wurden mit einem Vibrationsmagnetometer (VSM = Vibrating Sample Magnetometer) bei Raumtemperatur bestimmt. Systeme mit einem Partikeldurchmesser kleiner d = 30 nm können superparamagnetische Eigenschaften besitzen,[77] was keine Hysterese und somit keine Restmagnetisierung nach Entfernen des Magnetfeldes bedeutet. Diese Eigenschaft ist eine Grundvoraussetzung für viele verschiedene Anwendungen. Wie in Abb. 29 gezeigt wird, besitzen die Fe_3C-Nanopartikel keine Hysterese, sind also superparamagnetisch bei RT. Hier sollte erwähnt werden, dass, soweit aus der Literatur bekannt, erstmalig gezielt superparamagnetische Fe_3C-Nanopartikel, in diesem Größenbereich, synthetisiert wurden.[57] Die experimentell ermittelte Sättigungsmagnetisierung beträgt M_S = 35,8 emu/g (da auf Masse bezogen, ist hier noch der zusätzliche, nicht magnetische Kohlenstoff enthalten), normiert auf Fe_3C beträgt diese M_S = 46,7 emu/g, einer der höchsten in der Literatur gefunden Werte bezogen auf Fe_3C im Nanometer-Bereich.[5], [78] Eine reduzierte Sättigungsmagnetisierung, im Vergleich zu der Bulk-Magnetisierung von M_S = 140 emu/g,[79] ist erwartet, da mit kleiner werdender Partikelgröße (im Nanometerbereich) auch die Sättigungsmagnetisierung abnimmt.[80]

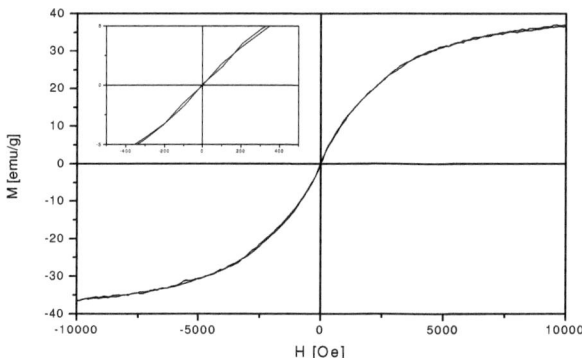

Abb. 29: Magnetisierungskurve der Fe_3C-Nanopartikel gemessen mittels VSM bei RT. Das inliegende Diagramm zeigt eine Vergrößerung bei kleinen Feldstärken.

Zusammenfassend kann gesagt werden, dass es gelungen ist, kristalline Fe_3C-Nanopartikel auf einfache, schnelle und relativ preiswerte Weise zu synthetisieren. Die Nanopartikel haben eine Größe von d = 5 – 10 nm, sind superparamagnetisch und stabil unter verschiedenen chemischen Bedingungen. Die Sättigungsmagnetisierung der Partikel beträgt $M_S \approx$ 47 emu/g, einer der höchsten in der Literatur gefundenen Werte. Die Partikel sind frei von elementaren Eisen und graphitischen Kohlenstoff, was das größte Problem bei der Synthese von Eisencarbid darstellt. Der erste Teil der Zielsetzung, die Synthese neuartiger Ferrofluide, wurde erreicht. Es konnten superparamagnetische Fe_3C-Nanopartikel synthetisiert werden, welche chemisch stabil und durch die Abwesenheit von elementaren Eisen auch ungiftig für biologische Systeme sind.

3.1.1.2 Synthese von mesoporösem Fe_3C

Wenn ein System nicht von selbst eine poröse Struktur bildet, muss durch geeignete Methoden die Struktur „manipuliert" werden. Nach der Einführung des „Nanocasting" konnten anorganische Materialien entweder durch ein sogenanntes „Soft-Templating" oder „Hard-Templating" in ihren Eigenschaften so beeinflusst werden, dass daraus eine gewünschte poröse Struktur mit definierten Poren resultierte.[81] Das sogenannte Soft-Templating kreiert Poren in einem Festkörper durch den Einschluss von molekularen oder supramolekularen Templaten (z.b. Blockcopolymere[82]). Um diese bildet sich in der anschließenden Reaktion der Festkörper. Wird das Templat entfernt, wird der Raum frei und ein poröses System ist entstanden. Im sogenannten Hard-Templating wird eine schon poröse Struktur (z.b. mesoporöses Silika[83]) mit einer Präkursor-Spezies infiltriert, welche bei anschließender thermischer Zersetzung ein Feststoff-Gemisch mit dem Templat bildet. Nach Entfernung des Templates bildet sich ein „Negativ", welches die gewünschte poröse Struktur zeigt. Ein Vorteil des Hard-Templating ist, dass das gewünschte Templat in Größe und Form ausgewählt werden kann und damit die porösen Eigenschaften gesteuert werden können. Um mesoporöses Fe_3C zu synthetisieren, wurde ein Hard-Templating mit einer wässrigen Suspension von kolloidalen Silka Partikeln mit einem Partikeldurchmesser von d = 22 nm gewählt.[84] Die wässrige Suspension der Silika Partikel dient hier sowohl als Templat als auch als Lösemittel. Im Unterschied zu der vorher beschriebenen Synthese der Fe_3C-Nanopartikel wird bei dieser Synthese Eisen(III)chlorid Hexahydrat als Eisenquelle und 4,5-Dicyanoimidazol (DI) als C-Quelle verwendet. Die Verwendung von DI als C/N-Quelle wurde bereits in anderen Arbeiten beschrieben.[11] Wiederum ist davon auszugehen, dass DI und die hydratisierten Fe^{3+}-Ionen eine Komplexbildung eingehen (siehe Kap. 2.4). Dieser Komplex wird durch Erhitzen auf 700 °C unter N_2-Fluss erst in ein C/N-reiches Zwischenprodukt überführt und anschließend durch carbothermale Reduktion in ultra-kleine Fe_3C-Nanopartikel, welche mit einer zweiten Kohlenstoff Phase verbunden sind und eine einheitliche Matrix bilden. Um die Reaktion genauer zu untersuchen, wurden FT-IR, XRD und thermische Zerfallsstudien gemacht. Die Ergebnisse sind im Anhang Abb. 2, 5, 7 dargestellt.

Die thermische Zerfallsstudie zeigt bis ca. 250 °C den Verlust von H_2O (Lösemittel), aber noch keine Zerfallsprodukte des DI. Das Röntgendiffraktogramm zeigt in diesem Bereich (200 °C) ein kristallines Spektrum (keine kristalline Eisenchlorid-Verbindung), dass nicht eindeutig zugeordnet werden kann. IR-Messungen (200 °C) hingegen, zeigen typische Banden für CN-Verbindungen. Es kann von einer komplexartigen Fe^{3+}/DI-Zwischenphase ausgegangen werden. Ab einer Temperatur von 250 °C bis ca. 500 °C wird in der Struktur gebundenes Wasser freigegeben, das Chlorid entweicht in Form von HCl und Kohlenstoff wird in Form von CO_2 abgegeben. Das XRD-Spektrum (400 °C) zeigt eine amorphe Struktur, das IR-Spektrum aber noch Schwingungsbanden von CN-Verbindungen. Diese Zwischenphase kann einer ungeordneten C/N-reichen Matrix zugeordnet werden, in welcher die Fe^{3+}-Ionen homogen verteilt vorliegen. Ab 500 °C kommt es zu der Bildung von Fe_3C und der graphitischen Phase unter der Abgabe von HCN. Ab 700 °C wird der restliche Stickstoff aus der Struktur abgegeben.

Die Reaktionsparameter wurden auf 700 °C 4+2 h festgesetzt, weil diese den besten Kompromiss aus hoher spezifischer Oberfläche und Nebenprodukt (Fe^0 und Graphit) freiem Fe_3C gewährleisteten. Nach dem Abkühlen auf RT unter N_2 wurde ein schwarzes, magnetisches Pulver erhalten. Die im Material zusätzlich enthaltenen Silika Partikel, müssen nachträglich entfernt werden. Eine typische Methode Silika Template zu entfernen ist das Waschen mit Flusssäure (HF).[85] Nach den Regeln der „nachhaltigen Chemie" sollen umweltgefährdende und giftige Chemikalien vermieden werden. Deshalb wurde in diesem Fall 1 M NaOH Lösung zum Lösen der Silika Partikel verwendet. Die komplette Entfernung der Silika Partikel wurde mit IR- Messungen bestätigt. (siehe SI von [45]) Anschließend wurde das Material einer kompletten Charakterisierung unterzogen.

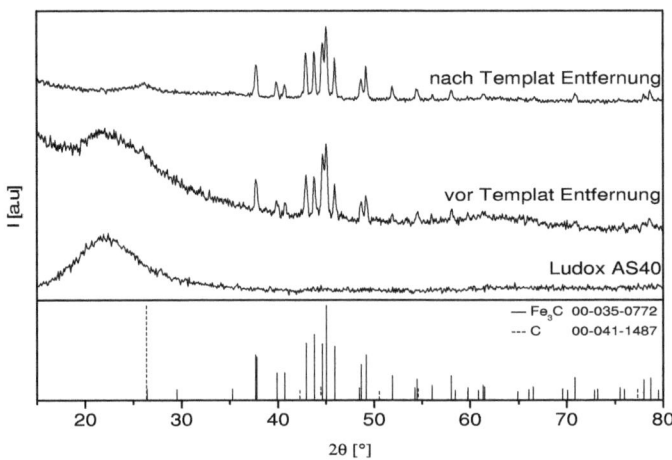

Abb. 30: Röntgendiffraktometrische Messungen des synthetisierten Fe₃C vor und nach Entfernung des Silika-Templates. Das Röntgendiffraktogramm von LudoxAS40 ist für Vergleichszwecke auch dargestellt.

Die Röntgendiffraktogramme in Abb. 30 zeigen das synthetisierte Produkt vor und nach der Templat Entfernung. Die Probe vor Templat Entfernung beinhaltet einen breiten amorphen Peak bei ungefähr $2\theta = 22$ °, welcher den Silika Partikeln zugeordnet werden kann (vergleiche Röntgendiffraktogramm Ludox AS40). Außerdem kann die kristalline Phase als orthorhombisches Fe₃C (Ref. ICDD 00-035-0722) identifiziert werden. Die Peakform ist relativ schmal und gut definiert, was auf ein Produkt mit guter Kristallinität und relativ hoher Reinheit hinweist. Der breite amorphe Peak bei $2\theta = 22$ ° ist nach der Entfernung der Silika Partikel nicht mehr vorhanden. Zusammen mit IR-Messungen (Daten nicht gezeigt) bestätigt dies die komplette Entfernung der Silika Partikel aus der Probe. Nach der Templat Entfernung weist die Probe einen breiten Peak bei $2\theta = 26$ ° (Ref. ICDD 00-041-1487), welcher Kohlenstoff mit geringem Graphitisierungsgrad zugeordnet werden kann. Dieser zusätzliche Kohlenstoff, welcher mittels Elementaranalyse auf ca. 36 Gew.-% bestimmt wurde, kann durch einfache Oxidationsprozesse mit H_2O_2 nicht entfernt werden (siehe Tab. 2). Dies ist darauf zurückzuführen, dass einerseits der Kohlenstoff nicht komplett amorph vorliegt (graphitischer Kohlenstoff ist nicht mit H_2O_2 oxidierbar) und andererseits der Kohlenstoff an dem Carbid gebunden ist, vermutlich als dünne Schicht, welche das Fe₃C überzieht. In diesem Fall ist der zusätzliche

Kohlenstoff nicht von Nachteil, da dieser die Fe_3C-Struktur noch resistenter gegenüber oxidativen Prozessen macht.

Tab. 2: Experimentelle Daten von Fe_3C-Proben hergestellt bei 700 °C vor und nach der Behandlung mit H_2O_2

HZ+RT	Produkte (XRD)	Elementaranalyse				spezifische Oberfläche
		N	C	O	Fe	
		in [Gew.-%]				[m²/g]
4 + 2	Fe_3C + Graphite	7,4	42,9	7,0	40,9	415
4+2_ H_2O_2	Fe_3C + Graphite	5,9	43,6	8,1	39,1	---

Die Bindung des Kohlenstoffes an der Fe_3C-Phase konnte mit Hilfe der Raman Spektroskopie bestätigt werden. In Abb. 31 ist das Peak-Dublett des graphitischen Kohlenstoffs zu erkennen. Die Peaks sind nicht sehr stark ausgeprägt, was mit einem niedrigen Graphitisierungsgrad erklärt werden kann. Außerdem ist zu erkennen, dass die Peaks zu niedrigeren Frequenzen verschoben sind, die D-Bande von 1350 cm^{-1} zu 1330 cm^{-1} und die G-Bande von 1600 cm^{-1} zu 1570 cm^{-1}. In Übereinstimmung mit der Literatur kann davon ausgegangen werden, dass die Kohlenstoff- Raman-Banden stark durch eine elektronische Kopplung mit dem Fe_3C beeinflusst werden, quasi eine Art Bindung (Ladungs-Transfer) eingehen.[69] Die Banden mit Frequenzen < 800 cm^{-1} können wieder den Streck-Schwingungen zwischen Eisen und Kohlenstoff in dem Fe_3C zugeordnet werden. Die Präsenz einer porösen Struktur konnte durch TEM- und REM-Untersuchungen nachgewiesen werden (Abb. 32). In beiden Fällen ist eine hohe Homogenität und Porosität der Probe zu erkennen. Die HR-TEM-Aufnahme in Abb. 32a lässt einen genaueren Blick in die Struktur des Materials zu.

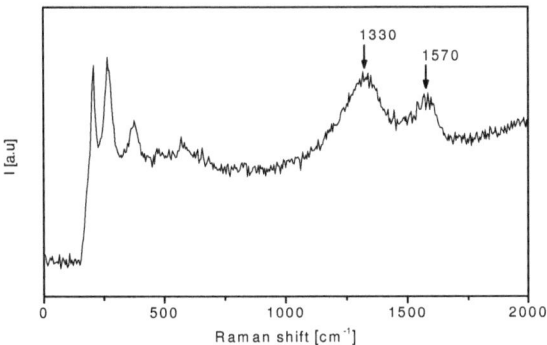

Abb. 31: Raman Spektrum des Fe₃C synthetisiert bei 700 °C 4+2 h

Zu erkennen sind mehrere parallele Linien, welche, ausgewertet mit der Schnellen Fourier Transformation (FFT), einen Abstand von d = 0,34 nm zueinander aufweisen. Dieser Abstand entspricht dem theoretischen Netzebenenabstand von Graphit mit einem Wert von d = 0,338 nm für die {002} Ebene. Dies ist ein weiterer Hinweis auf eine Kohlenstoffschicht über der Fe₃C-Struktur. Die mit Hilfe der TEM- und REM-Bildern berechnete Porengröße, stimmt, mit einem Wert von ca. d = 20 nm, sehr gut mit der Originalgröße der Silika Partikel von d = 22 nm überein.

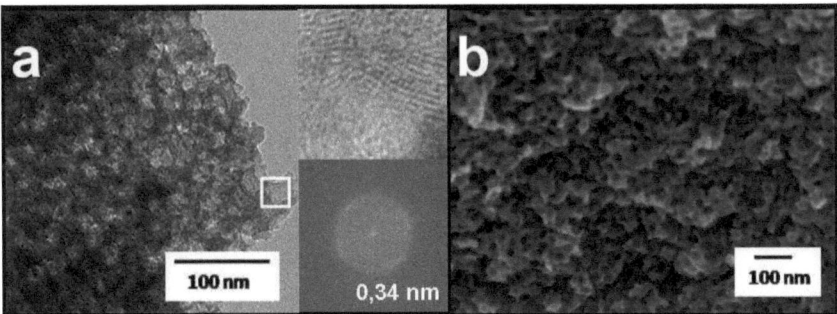

Abb. 32: a) TEM- und b) REM-Aufnahmen des porösem Fe₃C synthetisiert bei 700°C 4+2 h nach Entfernen des Templates. Das obere rechte Bild in Abb. 32a zeigt eine HR-TEM-Aufnahme des markierten Ausschnitts mit dazugehöriger FFT (unten rechts).

3. Ergebnisse und Diskussion Seite | 50

Die spezifische Oberfläche und die Porengrößenverteilung wurden mit Stickstoff-Physisorptions-Isothermen gemessen. Die Ergebnisse sind in Abb. 33 dargestellt. Die Isotherme entspricht einer nach IUPAC[*] Klassifizierung genannten Typ IV-Isotherme, zu sehen an der typischen Adsorptionshysterese, welche durch Kapillarkondensation in den Mesoporen erzeugt wird. Die Kurvenform oberhalb 0,8 p/p₀ ist vielmehr typisch für Materialien mit einem Porendurchmesser von etwa d = 20 nm, der zusätzliche Beitrag bei kleineren p/p_0 kann kleineren Zwischenräumen, vermutlich gebildet durch die Zusammenlagerung primärer Nanopartikel, zugeschrieben werden. Die durch die BET-Methode[*1] ermittelte spezifische Oberfläche beläuft sich auf ~ 415 m²/g. Die Auswertung der Porenverteilung gemäß des BJH-Models[*2] zeigt eine Porenverteilung von d = 5 – 30 nm mit d_{max} = 18 nm. Die relativ breite Porenverteilung kann mit einem nicht perfekten Templatieren (mehrere Silika Partikel zusammengelagert → größer Poren) und mit den durch die zusammengelagerten Primärpartikel entstandenen Zwischenräumen (kleiner Poren) erklärt werden. Um die Theorie der zusammengelagerten Partikel zu beweisen, wurden Blindproben ohne Templatieren hergestellt. Elektronenmikroskopische Aufnahmen zeigten tatsächlich kleine, stark interagierende Partikel (Daten in SI von [45] gezeigt).

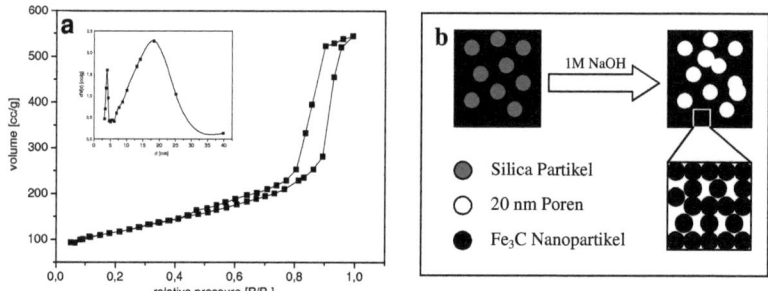

Abb. 33: a) N₂ Sorptions Kurve mit Porengrößenverteilung (inliegender Graph) und b) Schema der Bildung des mesoporösem Fe₃C. (Anmerkung: Der kleine Peak der Porengrößenverteilung bei ca. 4 nm muss nicht betrachtet werden, da es sich um ein Mess-Artefakt handelt.)

---

[*] IUPAC = International Union of Pure and Applied Chemistry
[*1] BET steht für die Entwickler der Methode Stephen Brunauer, Paul Hugh Emmett und Edward Teller
[*2] BJH- Modell steht für die Erfinder Barrett, Joyner und Halenda

Diese Ergebnisse sind sehr interessant, da einerseits gezeigt werden konnte, dass ein Templatieren mit kolloidalen Silika zu einer mesoporösen Struktur führt und anderseits das Material selbst aus einer Zusammenlagerung von kleinen Primärpartikeln besteht (Model siehe Abb. 33b).

In Hinsicht auf die Reinheit der Fe_3C-Phase, wurden Mößbauer Messungen durchgeführt. Das in Abb. 34 dargestellte Mößbauerspektrum zeigt zwei verschiedene Eisenspezies. Zum einen findet sich zu ca. 70 % das magnetische Sextett des Fe_3C mit einer Hyperfeinaufspaltung von H = 20,8 T und einer Isomerieverschiebung von δ = 0,08 mm/s. Zum anderen konnte ein Dublett zu ca. 30 % identifiziert werden, welches dem nicht-magnetischen Fe^{3+} zugeordnet werden kann. Mit einer Isomerieverschiebung von δ = 0,20 mm/s und einer Quadrupol-Verschiebung von Δ_Q = 0,73 mm/s stimmen die Werte sehr gut mit denen in der Literatur für Fe(O)OH überein.[86] Dieses kann mit einer amorphen Phase von FeO(OH) erklärt werden, welche bei anderen Proben als Nebenprodukt gefunden wurde. Diese amorphe Phase muss während der Reaktion entstanden sein, bevor sich die Kohlenstoffschicht gebildet hat, da anschließende Behandlungen mit oxidierenden Substanzen keine Veränderung des Materials zeigen. Eine Möglichkeit ist eine leichte Oberflächenoxidation des Fe_3C. Bei einer großen spezifischen Oberfläche fällt dies mehr ins Gewicht als bei einer kleinen Oberfläche. Des Weiteren sind keine andere magnetischen Eisenoxide oder metallisches Eisen erkennbar.

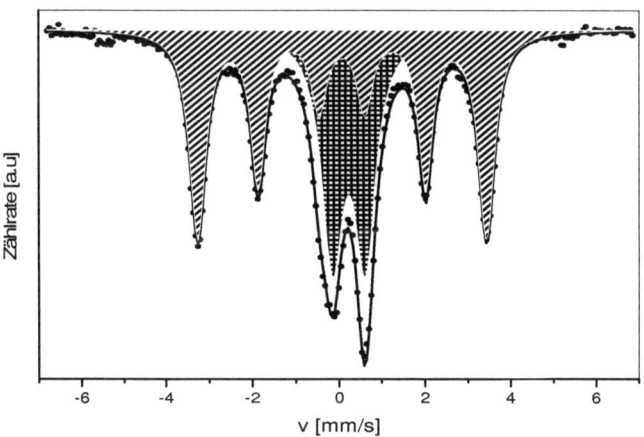

Abb. 34: Mößbauer Messungen des mesoporösen Fe_3C bei RT
(Fit ▬, Dublett ▦, Sextett ▨)

Die magnetischen Eigenschaften wurden bei Raumtemperatur mit dem VSM gemessen. Die Magnetisierungskurve in Abb. 35 zeigt einen typischen Verlauf für ein ferromagnetisches Material, was für Fe$_3$C auch erwartet ist.[87] Das Material besitzt eine kleine Hysterese mit einer Restmagnetisierung von M_R = 1,3 emu/g und einer Koerzitivfeldstärke von H_C = 170 Oe. Die Sättigungsmagnetisierung liegt bei M_S = 17,5 emu/g, was, im Vergleich zu der Sättigungsmagnetisierung des Bulk-Materials (140 emu/g), sehr niedrig ist. Da die Magnetisierung auf die Masse bezogen ist, muss der niedrige Wert relativiert werden. Zum einen beinhaltet das Material ca. 36 Gew.-% zusätzlichen Kohlenstoff der nicht zu der Magnetisierung beiträgt und zum anderen, mit der Mößbauer Spektroskopie bestimmt, ca. 30 % Eisen, das in der nicht magnetischen Fe^{3+}-Form vorliegt. Wird die Sättigungsmagnetisierung nur auf das tatsächlich vorliegende Fe$_3$C berechnet, erhält man einen Wert von M_S = 58 emu/g. Wird nun noch in Betracht gezogen, dass die Struktur aus kleinen Partikeln aufgebaut ist (Abhängigkeit Größe/Magnetisierung[80]), ist der niedrige Wert plausibel.

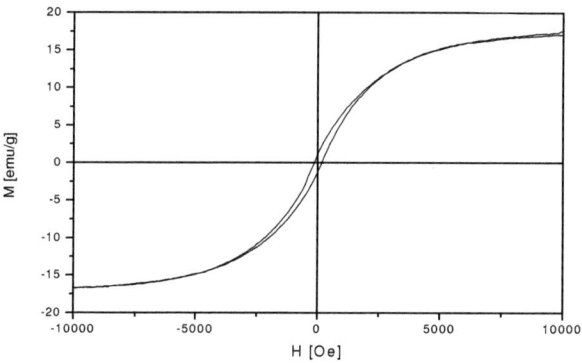

Abb. 35: Magnetisierungskurve des mesoporösen Fe$_3$C, gemessen bei RT

Es wurde gezeigt, dass mesoporöses Fe$_3$C durch die Kombination eines Hard-Templating-Ansatzes und carbothermaler Reduktion bei relativ niedrigen Temperaturen einfach synthetisiert werden konnte. Auf diesem Weg konnten eine große spezifische Oberfläche mit magnetischen Eigenschaften kombiniert werden. Das Produkt zeigt hohe Kristallinität in der Röntgenstreuung, eine Porengröße von d ~ 20 nm, was einer 1 zu 1 Kopie der Silika Partikel entspricht, eine hohe spezifische Oberfläche von 415 m^2/g und ferromagnetisches Verhalten bei Raumtemperatur. Durch die Kohlenstoffschicht, welche das Fe$_3$C umgibt, ist das Material resistent gegenüber verschiedenen chemischen Umgebungen. Das Zusammenspiel all dieser Eigenschaften macht das Material sehr interessant für verschiedene Anwendungen, auf Grund der hohen Oberfläche besonders als Katalysator.

3.1.2 Synthese auf Basis von Eisenacetylacetonat

Im vorangegangen Kapitel wurde gezeigt, dass mit verschiedenen Eisenchloriden, Fe_3C mit verschiedenen Morphologin synthetisiert werden konnte. Die Beeinflussung der Morphologie konnte erstens durch die Veränderung der Oxidationsstufe der Eisen-Ionen (Fe^{2+}/Fe^{3+}), zweitens durch die Verwendung von unterschiedlichen C/N-Quellen und drittens durch den Einsatz eines Templates erreicht werden. Ausgehend von einer glasartigen polymeren Phase, wobei es zu einer Komplexbildung zwischen den Fe-Ionen und der C/N-Quelle kommt, entsteht nach carbothermaler Reduktion das gewünschte Fe_3C. Die Reaktion läuft dabei nicht über den Zwischenschritt des Eisenoxids, sondern es kommt zu der Bildung einer amorphen C/N-Phase, welche dann C/N-Quelle und Reduktionsmittel zur selben Zeit ist. Dieser Reaktionsverlauf hat einen entscheidenden Nachteil: Eisencarbid ist sehr instabil gegenüber einer nachträglichen Heizbehandlung, d.h. ist es erst einmal gebildet, zerfällt es sehr schnell wieder in metallisches Eisen und Graphit. Diese Eigenschaft macht es unmöglich, durch zusätzliches Heizen bzw. eine längere Verweildauer bei einer bestimmten Temperatur eine Veränderung der Morphologie, z.B. der Größe der Nanopartikel, zu erzielen. Die Morphologie und die Größe, die sich im ersten Nukleationsschritt bildet, kann nicht mehr verändert werden, vorausgesetzt Material frei von Nebenprodukten ist erwünscht.

Besonders bei den Fe_3C-Nanopartikeln wäre eine Veränderung der Partikelgröße von großem Vorteil, weil mit dieser auch die Magnetisierung variiert werden kann. Ein viel verwendete Eisen-Quelle, welcher durch thermische Zersetzung ein Oxid bildet, ist das Eisenacetylacetonat.[88] Mit Eisenacetylacetonat wird im Vergleich zu den Chloriden die chemische Umgebung der Eisenionen komplett verändert (reich an C, N, O), sodass im ersten Reaktionsschritt schon bei niedrigen Temperaturen das Eisenoxid gebildet werden kann. Bilden sich im ersten Reaktionsschritt Eisenoxid Nanopartikel, können Nukleation und Wachstum und damit auch die Partikelgröße, viel leichter beeinflusst werden. Ein Partikelwachstum kann zum Beispiel mit längerer Aufheizzeit oder mit einem konstanten Zwischenschritt erzielt werden. Anschließend können die Eisenoxidnanopartikel bei höheren Temperaturen durch carbothermale Reduktion in die Carbide überführt werden. Bei der

Verwendung von Eisenchlorid war es nicht möglich, andere Produkte als Fe₃C zu synthetisieren. Eine Eisenoxid-Zwischenstufe könnte auch dieses Problem lösen. Aus der Literatur ist bekannt, dass Eisenoxid Nanopartikel unter NH$_3$ Atmosphäre in Eisennitride überführt werden können.[89] Da die Urea Glass Route über ein stickstoffreiches Zwischenprodukt verläuft und als Schutzgas N$_2$ eingesetzt wird, ist auch hier die Reaktion zu dem entsprechenden Eisennitrid denkbar. Im Folgenden soll gezeigt werden, dass Eisenacetylacetonat ein geeignetes Ausgangsmaterial für die Synthese von Eisencarbid und anderen verwandten Komponenten ist.

Abb. 36: Magnetische Nanopartikel nach der Synthese

Für die Synthese wurde Eisen(II)acetylacetonat (Fe(acac)$_2$) mit Harnstoff in Ethanol gelöst. Es entstand keine klare Lösung sondern eine homogene, dunkelrote Suspension. IR-Spektren (Anhang Abb. 8) der getrockneten Suspension, verglichen mit den Ausgangsspektren von Harnstoff und Fe(acac)$_2$, zeigen leichte Veränderungen. Grundsätzlich sind alle Banden von Harnstoff und Fe(acac)$_2$ zu finden. Da auch die Bande bei 1690 cm^{-1} (C=O Streckschwingung) vorhanden ist, kann von einer Koordination C=O → Fe, wie bei Eisenchlorid, nicht ausgegangen werden. Der größte Unterschied befindet sich im Bereich 1600 cm^{-1} – 1400 cm^{-1}, in welchem sich die CN-Streckschwingungen befinden. Diese sind in ihrer Intensität verringert und von den Banden des Fe(acac)$_2$ überlagert. In Verbindung mit der erhöhten Intensität der Schwingungsbande um 3200 cm^{-1} (NH-Valenzschwingung) kann entweder von einer Koordination NH$_2$ → Fe,[58] oder eventuell von Wasserstoffbrückenbindungen zwischen NH$_2$ und C=O (von Fe(acac)$_2$) ausgegangen werden.

Die Suspension wurde wie bei den vorangegangenen Versuchen unter N$_2$ auf 700 °C erhitzt. Als Heizbehandlung wurden 1+2 h gewählt. Um den Einfluss verschiedener molarer Verhältnisse

Harnstoff/Fe (R) auf die entstandenen Produkte zu untersuchen, wurden Proben mit R = 0 – 5 hergestellt. Die Ergebnisse nach der Reaktion sind in folgendem Diffraktogramm dargestellt.

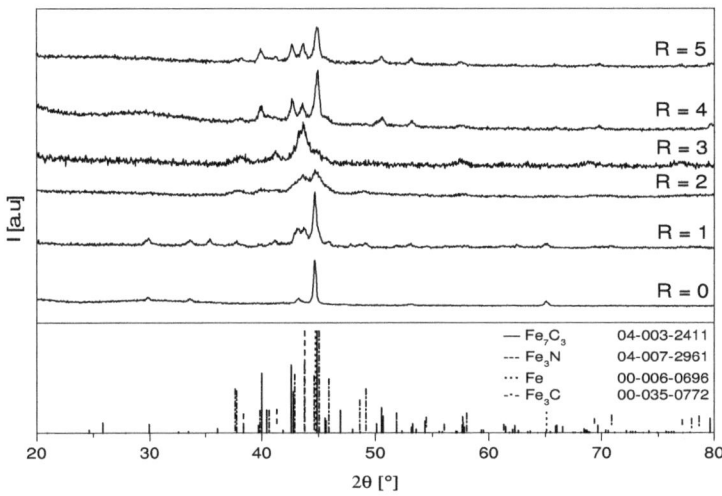

Abb. 37: Röntgendiffraktometrische Messungen der Fe(acac)$_2$/Harnstoff Proben synthetisiert bei 700°C 1+2 h mit verschiedenen Mol-Verhältnissen Harnstoff/Fe

Es ist auf den ersten Blick zu erkennen, dass mit steigendem R ein anderes Produkt entsteht. Das bedeutet, dass es möglich ist, mit unterschiedlicher Menge an Harnstoff das Produkt gezielt zu verändern. Für R = 0 und R = 1 besteht das Hauptprodukt aus metallischem Eisen (Ref. ICDD 00-006-0696) und Spuren von Eisennitrid. Das Experiment ohne Harnstoff zeigt außerdem, dass Harnstoff als C/N-Quelle notwendig ist, und der Kohlenstoff des Acetylacetonats nicht für die Carbidisierung verwendet werden kann. Als Reduktionsmittel genügt anscheinend der Kohlenstoff welcher, durch das Acetylacetonat in der Probe vorhanden ist. Wird das Harnstoff/Fe-Verhältnis auf R = 3 erhöht, so entsteht das hexagonale Fe$_3$N (Ref. ICDD 04-007-2961) mit einer kleinen Fe$_3$C-Verunreinigung. Eine weiter Erhöhung auf R = 4 führt zu einer Phasenumwandlung in das hexagonale Fe$_7$C$_3$ (Ref. ICDD 04-003-2411), mit Fe$_3$N als Nebenprodukt. Grundsätzlich scheint die Verwendung von Fe(acac)$_2$ anstelle von FeCl$_x$ als Eisen-Quelle eine größere Produktvariation zuzulassen.

Was außerdem noch erwähnenswert ist: bei keinem Produkt wurden Spuren von Eisenoxiden und graphitischem Kohlenstoff gefunden. Zwei verschiedene Hauptprodukte konnten mit der Variation von R synthetisiert werden, Fe_3N und Fe_7C_3. Für weitere Untersuchungen wurde für die Herstellung des Fe_3N ein R von 3 und für Fe_7C_3 ein R von 5 verwendet. Da die synthetisierten Produkte bei den gegebenen Reaktionsparametern (700 °C 1+2 h) nicht frei von Nebenprodukten waren, wurden systematisch die Temperatur und die Heizzeiten verändert. Als erstes wurden bei konstanter Temperatur von 700 °C die Heizzeit (HZ) und die Reaktionszeit (RZ) verändert. Für das Fe_3N konnte keine Verbesserung erzielt werden, alle Versuche führten zu Mischphasen von Fe_3N und Fe_3C. Die Ergebnisse für das Fe_7C_3 sind in folgender Abbildung dargestellt.

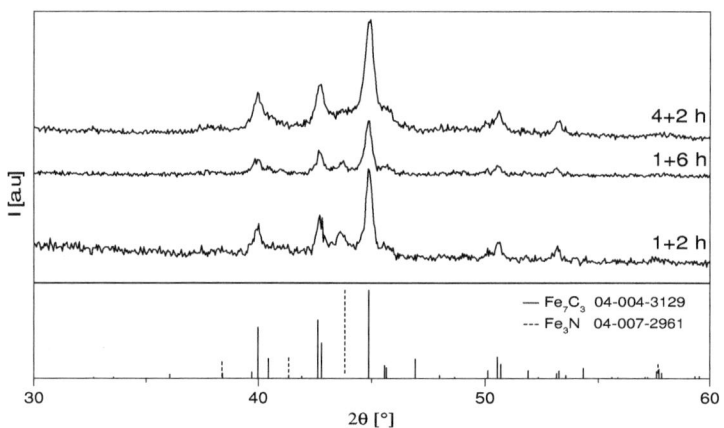

Abb. 38: $Fe(acac)_2U3$ synthetisiert bei 700 °C mit unterschiedlichen HZ und RZ

Wie zu erkennen ist, führt die Erhöhung der RZ auf 6 h bei HZ 1 h zu keiner nennenswerten Veränderung. Wird die HZ auf 4 h erhöht, ist eindeutig zu erkennen, dass die Fe_3N-Phase verschwunden ist und nur noch die kristalline Fe_7C_3-Phase vorliegt. Für die Synthese von Fe_7C_3 wurden die Reaktionsbedingungen auf 700 °C 4+2 h eingestellt.
Der nächste Schritt war die Veränderung der Temperatur (Abb. 39). Dies brachte wiederum bei der Fe_7C_3-Synthese keinen nennenswerten Effekt und wird somit nicht weiter diskutiert. Ausgehend von

700 °C 1+2 h wurde die Reaktionstemperatur für die Fe$_3$N-Synthese jeweils um 100 °C in beide Richtungen variiert. Diese Temperaturveränderung hatte einen entscheidenden Einfluss auf die Produkte. Wird die Temperatur auf 600 °C verringert, kann kristallines Fe$_3$N ohne jegliche Nebenphasen synthetisiert werden. Zu erkennen ist dies an dem Verschwinden der Peakschulter bei 2θ = 45 °, welche durch das Vorhandensein von Fe$_3$C auftrat. Wird die Temperatur auf 800 °C erhöht, kommt es zu einer kompletten Phasenumwandlung und es entsteht kristallines Fe$_3$C (Ref. ICDD 00-035-0772).

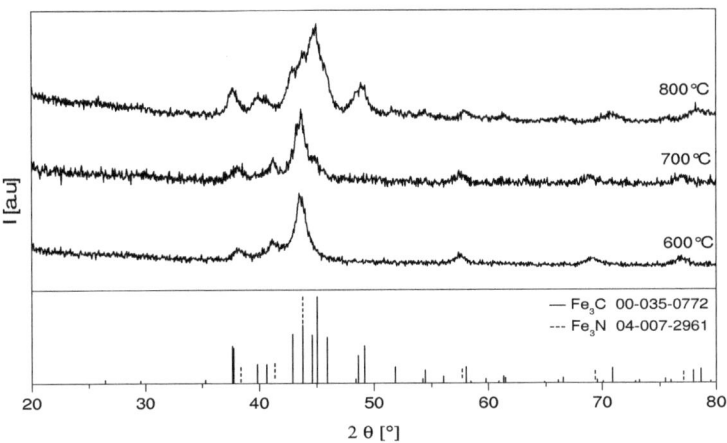

Abb. 39: Fe(acac)$_2$U5 synthetisiert mit 1+2 h bei verschiedenen Temperaturen

Damit der Reaktionsmechanismus und die Entstehung der verschiedenen Produkte erklärt werden kann, wurden TGA-, FT-IR- und XRD-Messungen durchgeführt. In Abb. 40 ist die Zersetzungskurve des Ausgangsgemisches dargestellt. Auf den ersten Blick sind zwei große Zersetzungsschritte zu erkennen. In Übereinstimmung mit der GC-MS Analyse (Anhang Abb. 3) kommt es im Bereich von 150 °C - 250 °C zu der Zersetzung des Harnstoffes in CO$_2$ und NH$_3$ und zu der Abspaltung bzw. Zersetzung der Acetylacetonat-Ionen durch den Verlust von Aceton und Acetylaceton. Dieser Verlauf stimmt mit der in der Literatur beschriebenen thermischen Zersetzung von Eisenacetylacetonat überein.[90] Wiederum bildet sich eine C/N/O-reiche amorphe Zwischenphase. Im Gegensatz zu den

Synthesen mit Eisenchlorid kommt es hier zu der Bildung einer Eisenoxid-Phase, genauer Fe_3O_4 (Abb. 40 XRD innliegendes Bild). Der Temperaturschritt von ca. 200 – 400 °C bei konstanter Masse in der TGA-Kurve kann der Nukleation der Fe_3O_4 Nanopartikel zugeordnet werden (REM-Bild in Abb. 40). Von 400 °C bis 600 °C findet die Nitridierung des Fe_3O_4 mit anschließender Bildung des Fe_3N statt. Die Nitridierung kann wie folgt erklärt werde. Der Stickstoff, der für die Nitridierung benötigt wird, kommt in Form von NH_3 aus der C/N/O-reichen Phase. Eisen ist bekannt dafür, dass es die Spaltung von NH_3 katalysieren kann (siehe auch Kap. 3.1.3). Ammoniak spaltet sich in Wasserstoff und Stickstoff. Dabei tritt Wasserstoff als Reduktionsmittel für das Eisenoxid auf. Anschließend diffundiert der Stickstoff in das Gitter des entstandenen Fe^0 und bildet die Fe_3N- Phase. Dabei spielt sowohl der Stickstoff aus der gesättigten Atmosphäre als auch der Stickstoff des NH_3 eine wichtige Rolle. Kontrollexperimente unter Argon führten anstelle der Nitride zu den entsprechenden Carbiden, was die Notwendigkeit des Stickstoffs als Schutzgas unterstreicht.

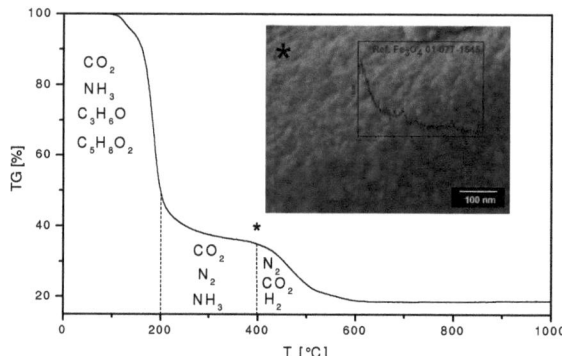

Abb. 40: TGA-Messung des Fe(acac)$_2$-Harnstoff Ausgangsgemisches, inliegendes Bild zeigt REM und XRD der Probe, synthetisiert bei 400°C

Die Phasenumwandlung zu Fe_3C bei 800 °C erfolgt über den thermischen Zerfall des Fe_3N und anschließender Diffusion des Kohlenstoffs in das Eisengitter. Zu erwähnen ist, dass nicht der ganze restliche Kohlenstoff und Stickstoff als gasförmige Zersetzungsprodukte entweichen, sondern ein Teil als amorphe Phase in der Probe vorliegt (siehe Tab. 3).
Der Reaktionsmechanismus ist zur besseren Überschaubarkeit in Abb. 41 nochmals zusammengefasst.

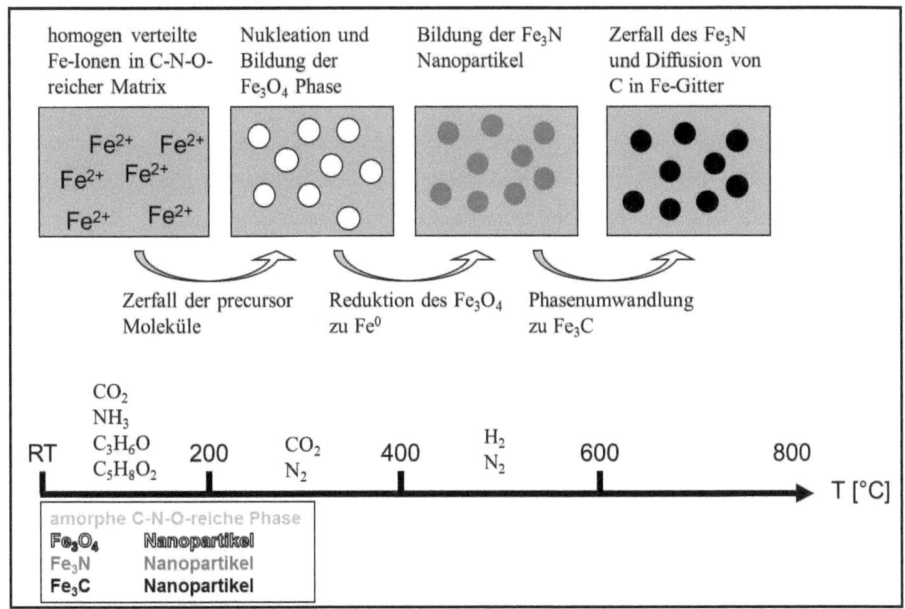

Abb. 41: Übersicht über den Reaktionsmechanismus Fe(acac)$_2$ mit Harnstoff

Der elementare Schritt für die Bildung der unterschiedlichen Produkte von Fe$_3$N → Fe$_3$C ist die Bildung des Eisenoxids, welches die Ammoniak-Spaltung katalysieren kann und damit den für die Reaktion benötigten Wasserstoff und Stickstoff bereitstellt.

Tab. 3: Ergebnisse der Elementaranalyse der verschiedenen Produkte

T [°C]	R	HZ+RZ [h]	Produkte (XRD)	Elementaranalyse		
				N	C	Fe
				in [Gew.-%]		
800	3	1 + 2	Fe$_3$C	4,5	37,9	51,7
600	3	1 + 2	Fe$_3$N	9,2	33,3	46,1
700	5	4 + 2	Fe$_7$C$_3$	9,4	37,6	34,7

Mößbauer Untersuchungen der verschiedenen Nanopartikel wurden durchgeführt, um eine genaue Zusammensetzung der verschiedenen Eisenphasen zu erhalten. Die Anpassungs-Parameter befinden sich im Anhang Tab. 2.

Das Fe_3C-Mößbauer-Spektrum (Abb. 42a) zeigt die zwei typischen Sextette des orthorhombischen Fe_3C, hervorgerufen durch die zwei verschiedenen Arten von Eisenatomen im Gitter, namentlich Fe_G (8d) und Fe_S (4c). Dabei befinden sich zweimal mehr Fe_G Atome im Gitter wie Fe_S, was sich in der doppelten relativen Fläche des Fe_G Sextetts widerspiegelt. Beide Sextette konnten im Mößbauer-Spektrum identifiziert werden und stimmen mit Literaturwerten gut überein. [91,66] Das Flächenverhältnis Fe_G/Fe_S ist nicht genau 2/1, aber mit 1,7/1 dem relativ nah. Ein weiteres Sextett (S1) mit H = 16,6 T, δ = 0,18 mm/s und Δ_Q = -0,01 mm/s kann Oberflächen/Grenzflächen-Effekten der Fe_3C-Nanopartikel zugeordnet werden.[91] Das gefundene Dublett kann in Übereinstimmung mit David et al. zwei verschiedene Ursachen haben.[91] Entweder kann es einer Fe^{3+}-Phase oder dem Superparamagnetismus der Nanopartikel zugeordnet werden. Bei superparamagnetischen Partikeln ist die Aufspaltung zu dem typischen Sextett nicht zu beobachten, da kein gerichtetes magnetisches Moment mehr vorhanden ist. Solche Partikel verhalten sich wie Paramagneten, mit dem Unterschied, dass der gesamte Partikel wie ein magnetisches Moment anzusehen ist. Genauere Untersuchungen bei tiefen Temperaturen, unterhalb der blocking-Temperatur T_B des Materials, können zeigen, ob eine superparamagnetische Phase vorhanden ist. Bei T < T_B ist das magnetische Moment sozusagen „geblockt" und es existiert ein messbares magnetisches Moment. In diesem Fall würde sich das vorhandene Dublett zu einem Sextett aufspalten. Wenn keine superparamagnetische Phase vorhanden ist, bliebe das Dublett Bestehen. Eine Erklärung, warum nicht alle Partikel das superparamagnetische Dublett aufweisen, kann mit einer gewissen Größenverteilung der Partikel und magnetischen Wechselwirkungen erklärt werden.

Anders sieht es im Fall des Fe_3N aus. Hier konnte das gemessene Mößbauer-Spektrum nicht komplett gefittet werden (siehe Abb. 42b). Das Spektrum wurde in Übereinstimmung mit Kurian et al. mit einem Dublett und drei Sextetten gefittet, die Anpassungs-Parameter wurden aus der Literatur entnommen,[92] welche Untersuchungen an nicht-stöchiometrischen Fe_3N beschreibt. Das erhaltene Spektrum kann wie folgt erklärt werden. In stöchiometrischen ϵ-Fe_3N ist nur die 2c Gitterposition von Stickstoff besetzt (siehe Kap. 2.3.2), was dazu führt, dass stöchiometrisches ϵ-Fe_3N nur mit einem Sextett gefittet werden kann, da nur eine chemische Umgebung für das Eisen existiert (Im Spektrum M1).[93] Bei nicht-stöchiometrischen Fe_3N ist auch die 2b Position im Gitter besetzt, was zu der Entstehung zweier weiterer Fe-N-Umgebungen führt und damit zu zwei weiteren nicht äquivalenten Sextetten (M2 und M3).[94, 95] Das mit der größten relativen Fläche im Spektrum erscheinende Dublett kann, wie vorher erläutert, einer Fe^{3+}-Phase oder superparamagnetischen Verhalten zugeordnet werden. Die Ergebnisse lassen die Schlussfolgerung zu, dass es sich bei der gemessenen Probe um verschiedene Fe-N-Koordinationen handelt, aber es kann keine konkrete Aussage über die Natur der Fe-N-Koordination gemacht werden. Hierfür sind, wie schon erwähnt, Tieftemperaturmessungen notwendig. Eine genauere Untersuchung war im Rahmen dieser Arbeit leider nicht möglich, da die experimentelle Durchführung von Tieftemperaturmessungen in der vorhandenen Zeit nicht bewerkstelligt werden konnten.

Das Mößbauer Spektrum der Fe_7C_3-Nanopartikel sieht im Vergleich weit mehr komplex aus, kann aber in Übereinstimmung mit Pringle et al. erklärt werden.[96] Aufgrund der komplexen kristallinen Struktur des Fe_7C_3 existieren drei inäquivalente Eisenstellen im hexagonalen Gitter, welche mit drei verschiedenen Sextetten gefittet werden können. Im Spektrum (Abb. 42c) sind dies die Sextette 1-3, welche gut mit den Literaturwerten übereinstimmen. Der einzige nennenswerte Unterschied zu den Literaturwerten ist die Isomerieverschiebung δ des zweiten Sextetts, welcher anstatt 0,04 mm/s den gleichen Wert, wie für das erste Sextett δ = -0,06 mm/s, annimmt. Das Verhältnis der relativen Fläche der drei Sextette stimmt tendenziell mit den Literaturwerten überein, d.h. S3>S2>S1, aber die Zahlenwerte sind unterschiedlich (Literatur 1:0,31:0,12, gemessen 1:0,59:0,37). Die gemessenen Werte stimmen mit den theoretischen Werten von 1:0,55:0,22 (siehe Kap. 2.4.2) relativ gut überein, was auf eine reinere Fe_7C_3-Phase der hier synthetisierten Partikel schließen lässt. Das vierte Sextett kann mit kristallinen Defekten im Fe_7C_3 erklärt werden.[97] Das gefundene Dublett entsteht vermutlich durch eine superparamagnetische Komponente, was mit der Anwesenheit von Nanopartikeln d < 20 nm erklärt werden kann. Das vierte Sextett und das Dublett weisen eine größere relative Fläche, im Vergleich zu den Literaturwerten auf, was mit der unterschiedlichen Morphologie der untersuchten Materialien erklärt werden kann. Die Literaturwerte beziehen sich auf einen Fe_7C_3-Film, während das hier untersuchte Material aus Nanopartikeln besteht. Nanopartikel haben mehr kristalline Defekte als Filme (Oberflächendefekte) und können im richtigen Größenbereich auch Superparamagnetismus aufweisen.

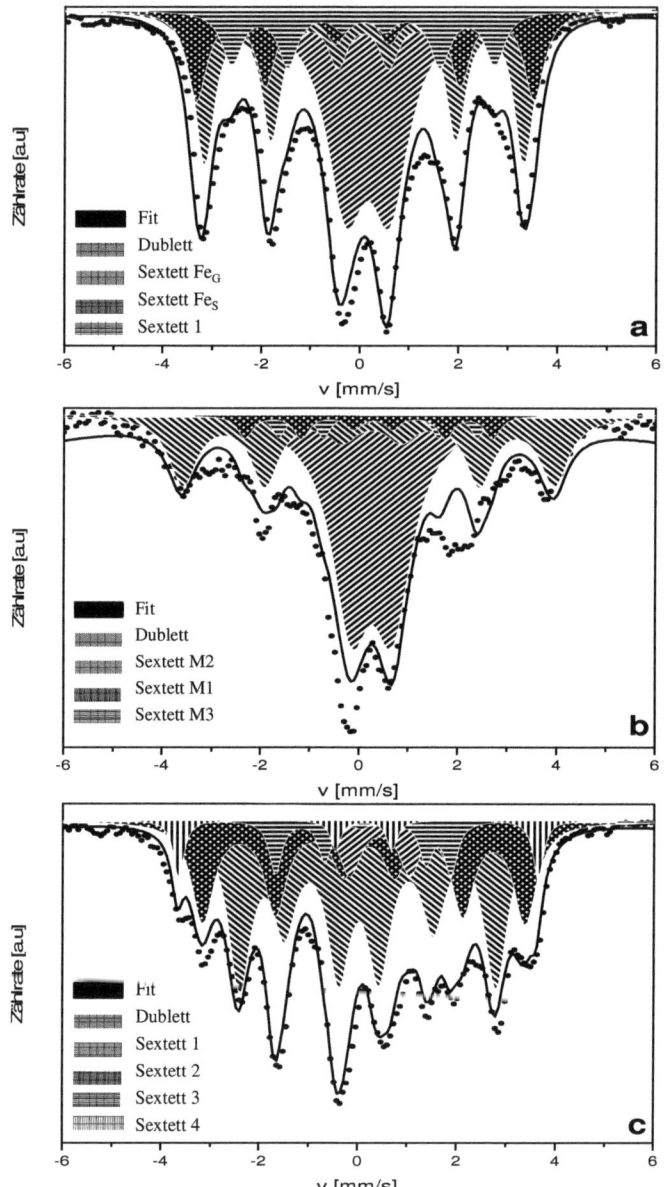

Abb. 42: Mößbauer Spektren von a) Fe_3C- b) Fe_3N- und c) Fe_7C_3-Nanopartikeln gemessen mit 14,4 keV bei RT

Da die Literatur sehr wenig Informationen über Eisencarbid mit der Kristallstruktur Fe_7C_3 gibt, müssen weitere Untersuchungen erfolgen, um die Richtigkeit der Annahmen zu überprüfen. Nichtsdestotrotz kann in Verbindung mit den XRD-Ergebnissen behauptet werden, dass die synthetisierten Fe_7C_3-Nanopartikel keine anderen Eisenspezies enthalten. Es ist von Interesse zu erwähnen, dass bei keiner der Proben Peaks einer stöchiometrischen Eisenoxidphase oder metallischem Eisen gefunden wurde. Der amorphe Charakter der zusätzlichen C/N-Phase und die Morphologie der entstandenen Carbide und Nitride, wurden mit TEM- und REM-Messungen untersucht (siehe Abb. 43). Alle TEM- und REM-Bilder der verschiedenen Materialien zeigen einzelne und aggregierte Nanopartikel mit einer amorphen Phase als Nebenprodukt. Abb. 43a zeigt die REM-Aufnahme der Fe_3N-Nanopartikel. Es sind einzelne Partikel zu erkennen, welche sich auf der Oberfläche einer sehr dicht aggregierten Matrix befinden. Die TEM-Aufnahme in Abb. 43b lässt einen genaueren Blick in die Struktur zu. Zu erkennen sind Fe_3N-Nanopartikel im Größenbereich von d = 5 – 25 nm. Außerdem ist deutlich die amorphe C/N-Matrix zu erkennen, in welcher die Partikel aggregiert sind (markiert mit schwarzem Pfeil). Zum Vergleich wurde die Partikelgröße mittels Debye-Scherrer-Gleichung (DS) aus den entsprechenden XRD-Spektren berechnet. Alle berechneten und aus den TEM-Bildern bestimmten Partikelgrößen sind in Tab. 4 gegenübergestellt. Die berechnete Partikelgröße für die Fe_3N-Nanopartikel beläuft sich auf d_{DS} = 8,8 nm. Damit sind die Partikel im Allgemeinen kleiner als die aus den TEM-Aufnahmen ermittelte Partikelgröße. Die TEM-Aufnahmen zeigen außerdem, dass die Partikel eine Hülle von etwa d = 2 nm besitzen. Da bei den XRD-Messungen keine zweite kristalline Phase gefunden wurde, kann von einer amorphen Struktur ausgegangen werden, welche höchstwahrscheinlich aus amorphem Kohlenstoff besteht. Bestätigt werden kann dies mit der Bildung der Fe_3C-Nanopartikel durch Heizen auf 800°C. Das Ausgangsmaterial des Fe_3N und Fe_3C ist identisch, mit dem Unterschied, dass bei der Synthese des Carbids bis 800 °C geheizt wurde. Das heißt, es bilden sich zuerst die Fe_3N-Nanopartikel mit der amorphen Hülle und anschließend die Fe_3C-Nanopartikel. Wie in Abb. 43d zu erkennen ist, besitzen die Fe_3C-Nanopartikel keine Hülle und haben eine einheitlichere Größe von d = 5 – 10 nm (d_{DS} = 9,1 nm). Es ist anzunehmen, dass durch den Zerfall des Nitrides der amorphe Kohlenstoff der Hülle in das Eisengitter diffundiert und mit dem Eisen zu dem entsprechenden Carbid reagieren konnte. Dies erklärt die Abwesenheit einer Hülle und die homogene Größenverteilung der Partikel.

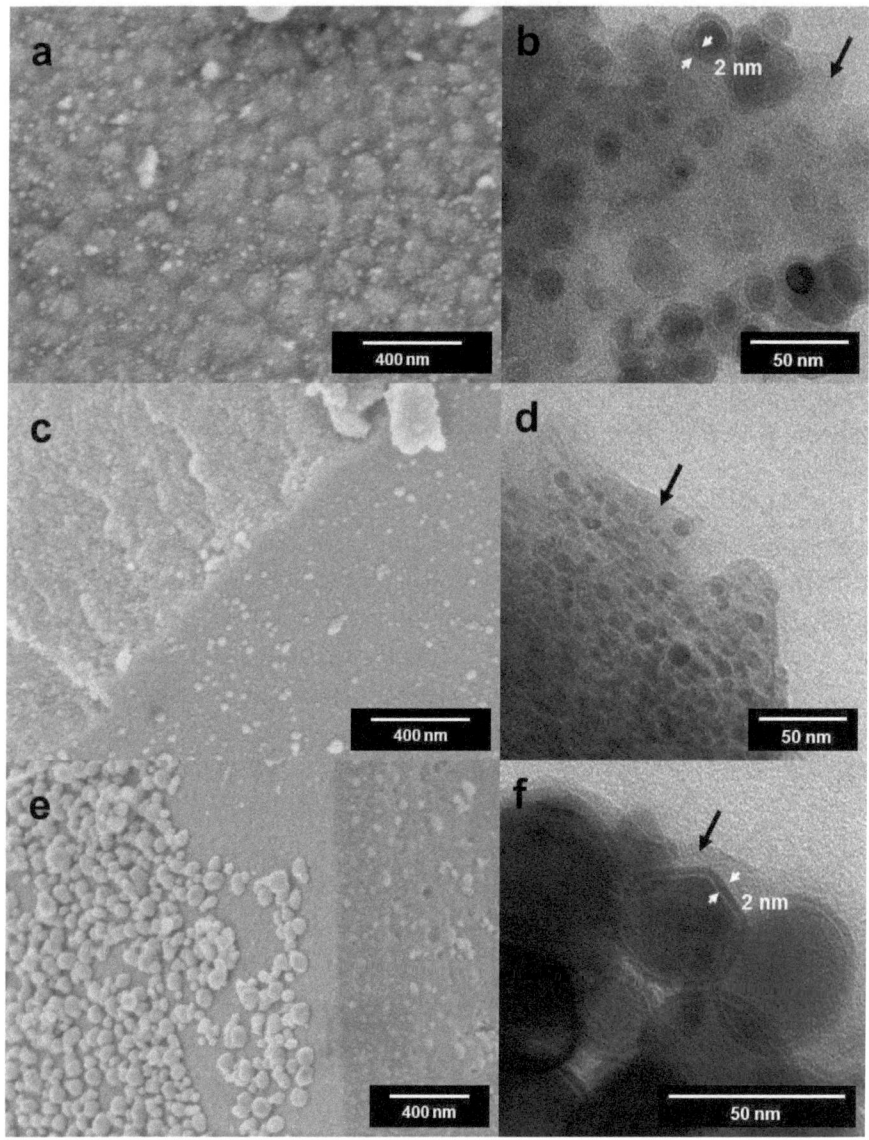

Abb. 43: TEM- und REM-Untersuchungen der synthetisierten Nanopartikel; a) und b) Fe_3N 600 1+2 h, c) und d) Fe_3C 800 1+2 h, e) und f) Fe_7C_3 700 4+2 h (die Pfeile markieren die amorphe Phase)

Abb. 43e zeigt einzelne Fe$_7$C$_3$-Nanopartikel auf der Oberfläche und wiederum eine amorphe Matrix, in welcher der größte Teil der Nanopartikel aggregiert vorliegt. Das dazugehörige TEM- Bild zeigt Partikel im Größenbereich von d = 20 – 100 nm, welche eine amorphe Hülle von ca. d = 2 nm besitzen. Die Größe, mittels der Debye-Scherrer-Gleichung berechnet, beläuft sich auf d$_{DS}$ = 27,2 nm. In diesem Fall ist das Ausgangsmaterial unterschiedlich (R = 5 anstatt R = 3) und die Reaktion läuft nicht über das Fe$_3$N. Das XRD-Spektrum bei 600 °C zeigt ein Gemisch aus Fe$_3$C und Fe$_7$C$_3$ (Spektrum nicht gezeigt). Der höhere Anteil von Harnstoff im Reaktionsgemisch scheint die Reaktionsmatrix soweit zu verändern, dass Eisencarbid bevorzugt gebildet wird. Das hier ein Carbid mit der Summenformel Fe$_7$C$_3$ entsteht, kann einfacherweise durch den erhöhten Anteil an Kohlenstoff im Ausgangsgemisch erklärt werden. Dieser kann sich dann im Eisengitter lösen und bildet das Fe$_7$C$_3$ anstelle des Fe$_3$C, da dieses weniger Kohlenstoff im Gitter besitzt (3:1 im Fe$_3$C und 2,3:1 in Fe$_7$C$_3$). Die unterschiedliche Partikelgröße kann mit Partikelwachstum erklärt werden, da sich sofort die Fe$_3$C-Nanopartikel bilden, welche dann im weiteren Reaktionsverlauf wachsen können.

Tab. 4: über TEM und Debye-Scherrer-Gleichung ermittelte Partikelgröße der verschiedenen Nanopartikel

Probe	d$_{TEM}$ [nm]	d$_{DS}$ [nm]	d$_{Hülle}$ [nm]
Fe$_3$N	5 - 25	8,8	2
Fe$_3$C	5 - 10	9,1	-
Fe$_7$C$_3$	20 - 100	27,2	2

Im Unterschied zu den mit Eisenchlorid synthetisierten Proben fällt auf, dass die durch den Nanometer-Effekt hervorgerufene Peakverbreiterung der XRD-Spektren zu erkennen ist. Möglicherweise schirmt die amorphe Phase die Nanopartikel soweit ab, dass eine Ausrichtung der einzelnen Partikel nicht mehr möglich ist bzw. separiert die einzelnen Partikel voneinander. Die Partikel werden dann als „einzelne" Partikel gemessen und zeigen die typische Peakverbreiterung.
Kristallinität der synthetisierten Nanopartikel wird in Abb. 44 gezeigt. Abb. 44a zeigt ein Aggregat der Fe$_3$N-Nanopartikel. Der markierte Bereich zeigt in der Vergrößerung die Gitternetzlinien welche auf ein kristallines Produkt schließen lassen. Der Netzebenenabstand kann mit der FFT auf d = 0,21 nm (d$_{theo}$ = 0,2067) bestimmt werden, welcher der {111} Ebene des hexagonalen Fe$_3$N entspricht. Abb. 44b konnte mit d = 0,20 nm (d$_{theo}$ = 0,202 nm) indiziert werden, was der {211} Ebene des hexagonalen Fe$_7$C$_3$ entspricht.

3. Ergebnisse und Diskussion   Seite | 66

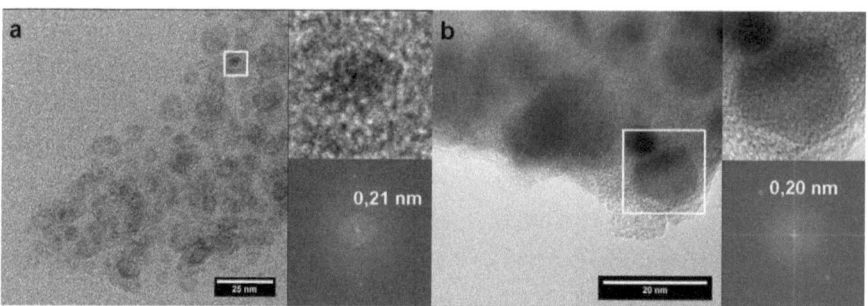

Abb. 44: HR-TEM-Aufnahmen von a) Fe_3N und b) Fe_7C_3. Die obere rechte Abbildung zeigt jeweils den vergrößerten Bereich und die untere rechte Abbildung zeigt die dazugehörige FFT.

Da auch hier Partikel in dem Größenbereich synthetisiert wurden, in dem Superparamagnetismus auftreten kann, wurden die magnetischen Eigenschaften gemessen. Abb. 45 zeigt die Hysteresekurven der verschiedenen Nanopartikel. Auf den ersten Blick sind die Kurven der verschiedenen Nanopartikel sehr ähnlich. Mit M_S = 39,3 emu/g weisen die Fe_3C- Nanopartikel die höchste Sättigungsmagnetisierung auf. Die Sättigungsmagnetisierung der Fe_3N-Nanopartikel liegt bei M_S = 34,8 emu/g. Da die Sättigungsmagnetisierung von stöchiometrischen Bulk-Fe_3N bei 123 emu/g liegt,[92] können auch bei diesen Nanopartikeln die typische Größenabhängigkeit der Sättigungsmagnetisierung beobachtet werden. Die Größe beider Systeme liegt bei ca. d = 9 nm, welche deshalb Superparamagnetismus aufweisen können. In der Tat zeigen die Hysteresekurven nur eine minimale Hysterese von jeweils H_C = 25 Oe, welche unter der minimalen Auflösung des VSM-Gerätes liegt. Es kann aber auch nicht ausgeschlossen werden, dass die minimale Hysterese durch ferromagnetische Spezies hervorgerufen wird.

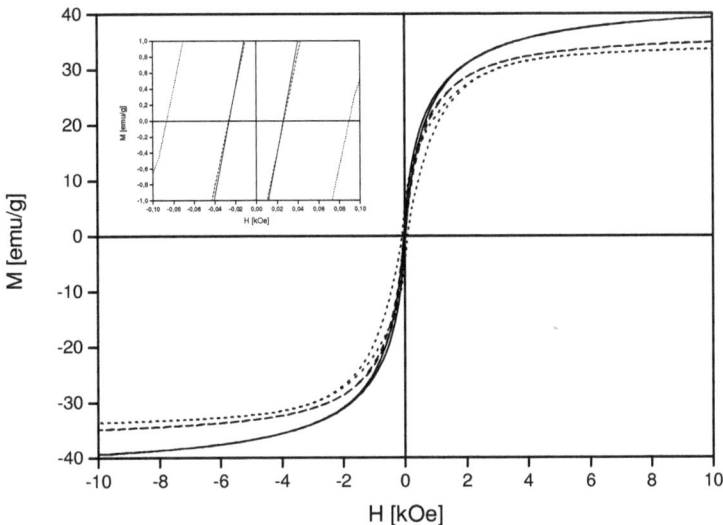

Abb. 45: Magnetisierungskurven der verschiedenen Nanopartikel gemessen bei RT. Das inliegende Diagramm zeigt eine Vergrößerung bei kleinen Feldstärken. (geschlossene Linie – Fe_3C, gestrichelte Linie – Fe_3N, gepunktete Linie – Fe_7C_3)

Insbesondere zur Charakterisierung superparamagnetischen Verhaltens können sogenannte ZFC/FC-Messungen durchgeführt werden. Dabei werden Messungen nach dem Abkühlen ohne äußeres Magnetfeld (Zero Field Cooling, ZFC) und während des Abkühlens im Magnetfeld (Field Cooling, FC) durchgeführt. Im superparamagnetischen Fall ergibt sich aus der ZFC-Kurve ein Maximum, welches der blocking-Temperatur entspricht. In Abb. 46 sind die ZFC/FC-Messungen der Fe_3C- und Fe_3N-Nanopartikel bei kleinen (50 mT) und großen Feldstärken (1T) dargestellt. Die ZFC-Kurven, gemessen bei 50 mT, zeigen in beiden Fällen ein Maximum bei ca. 270 K (0 °C). Dies zeigt das Vorhandensein von Einzeldomänen-Teilchen, also superparamagnetischen Partikeln bei Raumtemperatur. Die Verschiebung des Peakmaximums zu höheren Temperaturen kann folgende Ursache haben. Auf Grund der Aggregation der Partikel, besteht die Möglichkeit, dass die Partikel magnetisch wechselwirken können. Das Model zur Bestimmung der blocking-Temperatur geht jedoch von nicht wechselwirkenden Partikeln aus. Bei Temperaturen $T > T_B$ stimmt die ZFC-Kurve mit dem Verlauf der FC-Kurve überein. Dies bedeutet, dass keine magnetischen Momente mehr geblockt vorliegen. Bei hohen Feldstärken (1T) ist das Feld bereits so stark, dass alle magnetischen Momente ausgerichtet sind und keine blocking-Temperatur mehr gemessen werden kann.

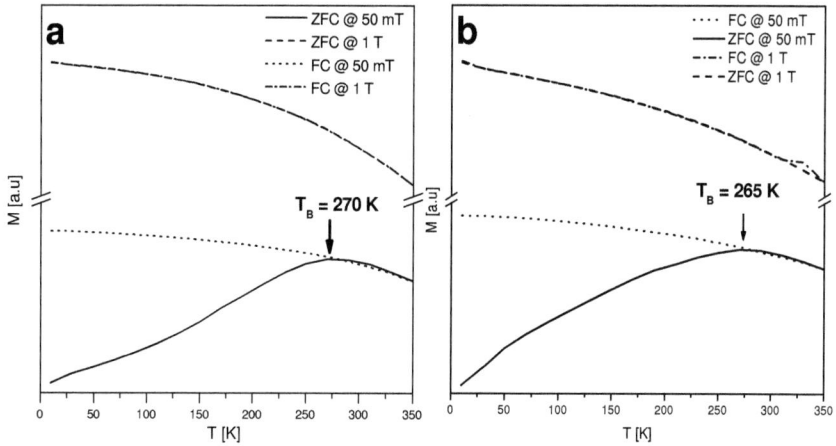

Abb. 46: ZFC/FC-Messungen der a) Fe_3C- und b) Fe_3N-Nanopartikel bei jeweils 50 mT und 1 T

Die Fe_7C_3-Nanopartikel sind mit einer Größe von d = 27 nm zu groß um als Eindomänenteilchen vorzuliegen, deshalb kann hier auch kein Superparamagnetismus angenommen werden. Die Partikel besitzen eine Sättigungsmagnetisierung von M_S = 33,5emu/g, eine Koerzitivfeldstärke von H_C = 90 Oe und einer Restmagnetisierung von M_R = 5,3 emu/g. Die Probe zeigt ferromagnetisches Verhalten bei RT. Die Magnetisierung ist auch hier auf die Masse des eingesetzten Materials bezogen und daher auf die nicht-magnetischen Anteile der Proben berechnet. Wird die Magnetisierung auf die tatsächlich vorhandene magnetische Spezies berechnet, ändern sich die Werte wie in Tab. 5 dargestellt.

Tab. 5: Gemessene und auf die magnetische Spezies berechnete Sättigungsmagnetisierung M_S der verschiedenen Materialien

Probe	M_S [emu/g]	$M_{S,Fe}$ [emu/g]
Fe_3N	34,8	69,7
Fe_3C	39,3	70,9
Fe_7C_3	33,5	88,4

Die Sättigungsmagnetisierung der Fe_3C-Nanopartikel kann auf M_S = 70,9 emu/g berechnet werden, was verglichen mit z.B. d = 11 nm Fe_3O_4 Nanopartikeln (M_S = 42 emu/g[98]) eine Steigerung der Sättigungsmagnetisierung von ca. 30 emu/g, bei gleicher Partikelgröße, entspricht. Da die Fe_3N-Nanopartikel ähnliche magnetisches Eigenschaften wie die Fe_3C-Nanopartikel besitzen, ist auch hier die Sättigungsmagnetisierung mit M_S = 69,7 emu/g im Vergleich zu Fe_3O_4 gesteigert. Die Fe_7C_3-Nanopartikel lassen sich nicht direkt vergleichen, da diese einen größeren Partikeldurchmesser besitzen und damit auch eine höhere Sättigungsmagnetisierung von M_S = 88 emu/g. Dies ist in Übereinstimmung mit der theoretische Sättigungsmagnetisierung des Bulk-Fe_7C_3 mit M_S = 120 emu/g,[99] welche im selben Größenbereich der anderen untersuchten Bulk-Materialien liegt. Zusammenfassend kann gesagt werden, dass durch die Verwendung von Eisen(II)acetylacetonat und der damit verbundenen Veränderung im Reaktionsverlauf, verschiedene Kristallstrukturen von Eisencarbid und vor allem Eisennitrid synthetisiert werden konnte. Dabei scheint von elementarer Bedeutung zu sein, dass die Reaktion über einen Eisenoxid-Zwischenschritt verläuft. Dies war bei der Synthese mit Eisenchlorid nicht der Fall, infolge dessen auch keine anderen Verbindungen außer Fe_3C synthetisiert werden konnte. Mit dieser Methode ist es möglich kristallines Fe_3C, Fe_7C_3 und Fe_3N aus ein und demselben Ausgangsmaterial zu synthetisieren. Es ist lediglich die Variation einiger Reaktionsparameter notwendig, wie das molare Verhältnis Harnstoff/Eisen, der Temperatur und der Heizbehandlung. Die synthetisierten Materialien liegen als Nanopartikel mit einer Größe von ca. d = 10 nm für Fe_3N und Fe_3C und ca. d = 30 nm für Fe_7C_3 vor. Die Partikel sind in einer amorphen Matrix aggregiert und außer den Fe_3C-Nanopartikeln besitzen die Partikel zusätzlich eine Hülle aus amorphem Kohlenstoff. Die Abwesenheit von graphitischen Kohlenstoff und elementaren Eisen konnte zudem sichergestellt werden. Mit einer Sättigungsmagnetisierung von M_S = 71 emu/g für d = 9 nm Partikel konnte diese im Vergleich zu denen mit $FeCl_3$ synthetisierten Fe_3C-Nanopartikeln (d ≈ 6 nm) nochmals um 23 emu/g gesteigert werden.

3.1.3 Aktivität des Fe_3C in der katalytischen Spaltung von Ammoniak

Ein Alternative zu fossilen Brennstoffen als Energieträger, ist die Nutzung der Brennstoffzelle. Diese ist im Prinzip ein galvanisches Element, welches durch die Redoxreaktion $H_2 + O_2 \rightarrow H_2O$ elektrische Energie erzeugt. Über der Weiterentwicklung der Brennstoffzellen hinaus, stehen auch Methoden der Wasserstoffproduktion im Mittelpunkt der Forschung. Wasserstoff kann auf verschiedenen Wegen hergestellt werden, z.b. durch die Elektrolyse von Wasser oder durch die Verwendung von Kohlenwasserstoffen bzw. Biomasse (z.b. Dampfreformierung, partielle Oxidation etc.). All diese Methoden haben den entscheidenden Nachteil, dass als Nebenprodukte CO und CO_2 entsteht. Eine Methode zur CO_x-freien Herstellung von H_2 ist die katalysierte thermische Zersetzung von Ammoniak in Wasserstoff und Stickstoff, welche als Methode für die mobile und dezentrale H_2-Produktion für Brennstoffzellen diskutiert wird.[100, 101] Damit der Prozess für die großtechnische Produktion nutzbar gemacht werden kann, müssen Katalysatoren entwickelt werden, welche kostengünstig und effektiv in der Umsetzung sind. Besonders Metallcarbide oder Metallnitride scheinen eine vielversprechende Alternative zu konventionellen, Ruthenium-basierenden Systemen, zu sein.[102] Verschiedene Studien zu Vanadiumcarbid als Katalysator wurden publiziert,[103, 104] wie auch Systeme basierend auf Wolfram-[105] und Molybdäncarbid sind erforscht wurden.[106]

Um die Nützlichkeit des synthetisierten Fe_3C zu zeigen und speziell den Effekt der hohen spezifischen Oberfläche des mesoporösen Fe_3C zu demonstrieren, wurde die katalytische Aktivität in der Ammoniak Zersetzung analysiert. Die Spaltungsreaktion verläuft endothermen und lautet wie folgt:

$$NH_3 \rightleftharpoons N_2 + 3H_2 \qquad \Delta H = 46 \text{ kJ/mol} \qquad (9)$$

Getestet wurden die Nanopartikel und das mesoporöse Fe_3C, welche in Kapitel 3.1.1 beschrieben wurden. Typische Messdaten sind in Abb. 47a dargestellt, in der ein Ammoniak-Umsatz von ca. 55 % für die Nanopartikel und 95 % für die mesoporöse Struktur, jeweils bei 700 °C, erreicht werden konnten, entsprechend 1 g pro 1g Kat/ h. Die spezifische Oberfläche für die Nanopartikel wurde auf 70 m^2/g bestimmt, für die mesoporöse Struktur auf 410 m^2/g. Aus diesen Ergebnissen können zwei wichtige Erkenntnisse erhalten werden. Erstens, mit steigender spezifischer Oberfläche erhöht sich die Aktivität des Katalysators und zweitens, dass eine hohe spezifische Oberfläche für einen Katalysator unverzichtbar ist. Es sollte außerdem erwähnt werden, dass weder reiner Kohlenstoff noch metallisches

Eisen ein guter Katalysator für diesen Prozess ist, da nanostrukturiertes Eisen zwar einerseits eine aussichtsreiche Aktivität aufweist, jedoch anderseits eine Phasentransformation und Deaktivierung unter den Reaktions-bedingungen durchlaufen wird.[107]

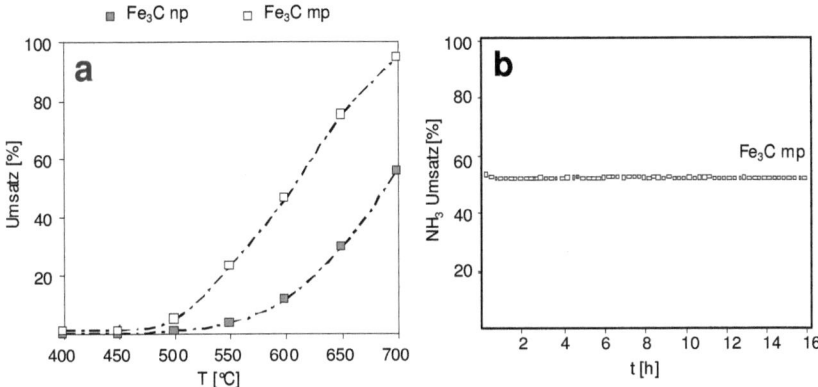

Abb. 47: a) katalytische Aktivität des synthetisierten Fe_3C (ausgefüllte Kästchen – Nanopartikel, leere Kästchen – mesoporöse Struktur) in Ammoniak Zersetzung als Funktion der Reaktionstemperatur (*Gas hourly space velocity* (GHSV) = 15000 $cm^3 g^{-1}_{cat} h^{-1}$, 25 mg Katalysator) und b) Stabilität des Katalysators als Funktion der Zeit

Die Stabilität des mesoporösen Fe_3C wurde getestet, da diese einen wichtige Voraussetzung für eine potentielle Anwendung darstellt, z.B. für die H_2-Produktion für Brennstoffzellen oder für die Gasreinigung bzw. Ammoniakentfernung bei Kohlevergasungsprozessen. Das Material zeigt keinerlei Änderung in der Ammoniak-Umsetzung nach 16 h bei 600 °C (Abb. 47b), was jedoch nicht bedeutet, dass der Katalysator, während der Reaktion, keine Phasentransformation durchläuft. Carbide unterlaufen bei solchen Reaktionsbedingungen normalerweise eine Umwandlung zu Nitriden, daher ist eine Umwandlung zu Eisennitrid wahrscheinlich. Aufgrund dessen wurde das Material nach dem Stabilitätstest einer röntgendiffraktometrischen Messung unterzogen. Tatsächlich kam es zu einer kompletten Phasenumwandlung in verschieden stöchiometrische Eisennitride (siehe SI von [45]), unter Erhaltung der schwammartigen Morphologie. Dies kann auf die in der Struktur zusätzliche Kohlenstoffschicht zurückgeführt werden. Diese vorläufigen Ergebnisse sind, verglichen mit den hoch aktiven Ruthenium-Katalysatoren, noch nicht konkurrenzfähig, aber Fe_3C könnte eine kostengünstigere Alternative zu den Edelmetall-Katalysatoren darstellen, besonders da das katalytische System nicht speziell für diese Reaktion optimiert war.

3.1.4 Stabilisierungsversuche – der erste Schritt für neuartige Ferrofluide

In kolloidalen Systemen liegen die Teilchen in sehr kleinen Dimensionen vor, so dass diese ein sehr großes Oberflächen/Volumen-Verhältnis aufweisen. Um diese hohe Oberflächenenergie zu minimieren, neigen kolloidale Systeme zu Aggregation und Sedimentation. Aufgrund dieser Instabilität müssen Kolloide stabilisiert werden. Grundsätzlich gibt es zwei verschiedene Arten der Stabilisierung, die elektrostatische Stabilisierung und die sterische Stabilisierung. Die elektrostatische Stabilisierung erfolgt durch Ladungen auf der Oberfläche der Teilchen, welche durch sogenannte Gegenionen kompensiert werden. Auf Grund dieser Ionenschicht kommt es zur Abstoßung zwischen den Partikeln und damit zur Stabilisierung. Elektrostatische Stabilisierung kann für Eisenoxid-Nanopartikel z.B. durch Zugabe von Citrat-Ionen in wässrigen Medium erfolgen,[108, 109] oder durch das Vorhandensein von geladenen Oberflächengruppen (z.B. Hydroxylgruppen). Auch ionische Flüssigkeiten (IL) können als Stabilisator genutzt werden, was anschließend gezeigt wird. Bei der sterischen Stabilisierung werden durch Adsorption oder kovalente Bindungen Makromoleküle auf der Teilchenoberfläche angeheftet. Die abstoßende Wirkung beruht darauf, dass sich bei geeignetem Lösemittel die Hüllen der Teilchen nicht ineinander verschieben können und somit die Kolloide stabilisiert werden. Aufgrund der besseren Stabilisationswirkung wird diese Methode bevorzugt. Bekannte und oft verwendete Makromoleküle zur Stabilisierung sind z.B. Polyethylenglycol,[20] Fettsäuren wie Ölsäure,[110] oder auch Polypeptide.[111] Die Makromoleküle können nicht selbst auf der Partikeloberfläche binden, deshalb werden sie mit einem sogenannten Linker (z.B. Silane wie APTES,[112] Dopamin[113]) auf der Partikeloberfläche gebunden.

Im Folgenden sollen nun erste Stabilisierungsversuche in ionischen Flüssigkeiten und einem NitroDOPA/PEG-Coating vorgestellt werden. In beiden Fällen wurden die Fe_3C-Nanopartikel verwendet, welche mittels Eisenchlorid synthetisiert wurden (Kap. 3.1.1.1).

3.1.4.1 Stabile Fe₃C-Nanopartikel Dispersionen in ionischen Flüssigkeiten

Eine neuartige und noch wenig erforschte Möglichkeit der Partikelstabilisation ist die Stabilisierung in ionischen Flüssigkeiten. Es wurden verschiedene ionische Flüssigkeiten (ILs), im Laufe der Stabilisierungsversuche, getestet.[114] Dabei stellte sich heraus, dass im speziellen [Emim][SCN] und [Emin][N(CN)$_2$] zur Stabilisierung der Nanopartikel geeignet sind. Im Folgenden sollen erste Ergebnisse vorgestellt, sowie eine Theorie über den Stabilisierungs-mechanismus aufgestellt werden. In anderen Arbeiten wurde bereits gezeigt, dass ILs die Möglichkeit bieten, Nanopartikel (z.B. Fe$_3$O$_4$) zu dispergieren.[115] In Abb. 48 sind die dispergierten Nanopartikel in den entsprechenden ILs dargestellt. Es ist eine klare Lösung ohne Bodensatz zu erkennen, was auf eine gute Stabilisierung schließen lässt. Die rote Färbung der [Emim][SCN]-stabilisierten Partikel könnte durch eine Komplexbildung von Fe^{3+}/SCN, speziell Fe(SCN)$_6^{3-}$, hervorgerufen werden. Die Bildung von Thiocyanat-Komplexen wurde auch bei Selten-Erd-Metallen beobachtet[116] und kann in einem Kontrollversuch mit FeCl$_3$, welches auch einen roten Komplex bildet, bestätigt werden. UV/VIS Messungen bestätigen, dass der mit FeCl$_3$ und der mit den Fe$_3$C-Nanopartikeln gebildete Komplex dieselben Absorptionsbanden aufweist.

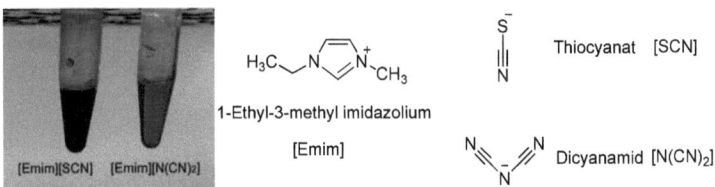

Abb. 48: Dispersion der stabilisierte Fe$_3$C-Nanopartikel in den verschiedenen ionischen Flüssigkeiten und deren Strukturformel (rechte Seite)

TEM-Untersuchungen (Abb. 49) der stabilisierten Nanopartikel zeigen im Fall des [Emim][SCN] individuelle und gut dispergierte Nanopartikel im Größenbereich von d < 10 nm. Damit befinden sich die Partikel im selben Größenbereich wie vor der Stabilisierung. Im Falle des [Emin][N(CN)$_2$] sind die einzelnen Partikel (d < 10 nm) in sphärischen Clustern aggregiert, welche einen Durchmesser von d = 30 – 100 nm aufweisen. Dies kann mit einem stärkeren Überbrückungs-Effekt des Dicyanamids erklärt werden, wodurch mehrere Partikel als Cluster stabilisiert werden. Nichtsdestotrotz entsteht auch hier eine stabile Dispersion.

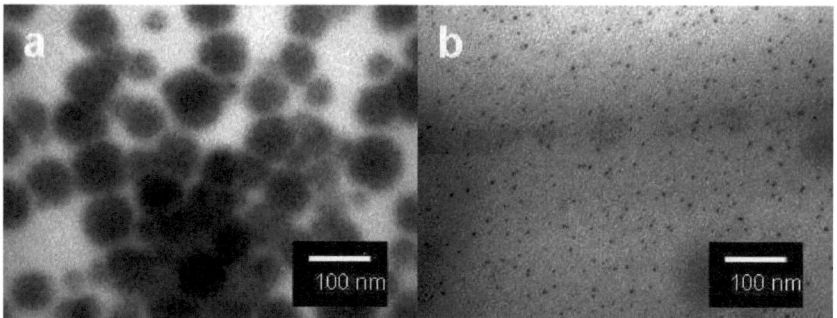

Abb. 49: TEM-Aufnahmen der Fe$_3$C-Nanopartikel dispergiert in a) [Emim][C(CN)$_2$] und b) [Emim][SCN]

XRD-Untersuchungen der Partikel vor und nach der Stabilisierung sind in Abb. 50 dargestellt. Das XRD-Spektrum der stabilisierten Partikel zeigt breite Peaks bei $2\theta = 12°$, $25°$ und $45°$. Die beiden Peaks bei $12°$ und $25°$ können dem IL zugeordnet werden (siehe Vergleichsspektrum). Interessanterweise ist der Peak bei $12°$ mehr separiert von dem bei $25°$, was auf eine höhere Ordnung in dem IL, mit den Fe$_3$C-Nanopartikeln, schließen lässt. Der breite Peak um $45°$ kann dem Fe$_3$C zugeordnet werden. Aufgrund der Separation ist die typische Peakverbreiterung für kleine Partikel zu erkennen, welche durch eine Organisation der Partikel, im nicht dispergierten Zustand, aufgehoben wurde. Werden die Partikel aus dem IL reisoliert, ist das typische Spektrum der synthetisierten Partikel zu erkennen. Dies lässt den Schluss zu, dass die Partikel durch die Stabilisierung chemisch nicht verändert werden.

Abschließend lässt sich der Stabilisierungsmechanismus anhand [Emim][SCN] wie folgt erklären. Die kristalline Struktur der Fe$_3$C-Nanopartikel wird durch die Stabilisierung nicht beeinflusst, anderseits wurde durch die Farbänderung gezeigt, dass ein SCN/Fe-Komplex gebildet wird. Dieser kann entweder durch die Wechselwirkung von Fe^{2+}/Fe^{3+}-Ionen, welche durch Oberflächendefekte vorhanden sind, mit dem Thiocyanat entstehen oder aber durch eine Wechselwirkung zwischen der kohlenstoffreichen C/Fe$_3$C-Oberfläche und der ionischen Flüssigkeit. Vorangegangenen Untersuchungen zeigen, dass die Nanopartikel wahrscheinlich eine Kohlenstoff-Schicht auf der Partikeloberfläche besitzen. Kohlenstoff-Materialien, wie CNT's oder Graphit, wurden erfolgreich in ionischen Flüssigkeiten stabilisiert,[117, 118] was eine Stabilisierung über eine solche Wechselwirkung bestätigen würde. Die Stabilisierung mittels [Emim][N(CN)$_2$] könnte auf ähnliche Weise über Fe^{2+}/Fe^{3+}-Ionen auf der Oberfläche erfolgen, da Dicyanamid bekannt für eine direkte Bindung an Metallionen ist.

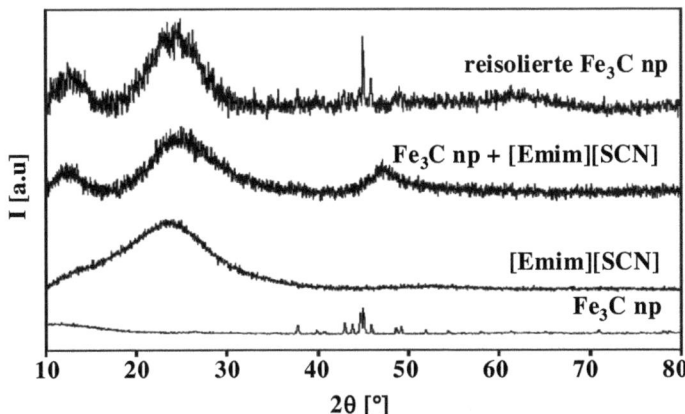

Abb. 50: XRD-Untersuchungen der Original Fe₃Cnp Probe, dispergiert in [Emim][SCN], reisoliert und als Vergleichsspektrum das pure [Emim][SCN]

Es konnte gezeigt werden, dass ionischen Flüssigkeiten die Möglichkeit bieten, Fe$_3$C-Nanopartikel zu dispergieren und zu stabilisieren. Die Wirksamkeit der Stabilisierung ist dabei stark abhängig von der chemischen Zusammensetzung der ILs. [Emim][SCN] und [Emim][N(CN)$_2$] wurden als gute Dispersionsmedien ermittelt. Die Stabilisierung erfolgt dabei über eine Wechselwirkung der IL-Anionen mit Fe^{2+}/Fe^{3+}-Kationen bzw. über eine Wechselwirkung IL ↔ C. Da diese Art der Stabilisierung noch nicht ausreichend erforscht ist, müssen alle Ergebnisse in weiteren Experimenten überprüft werden.

3.1.4.2 Stabile Fe₃C-Nanopartikel Dispersionen via NitroDOPA/PEG-Coating

Ferrofluide, welche in biologischen Medien eingesetzt werden sollen, müssen im wässrigen Medium stabil und vor allem biokompatibel sein. Polyethylenglycol (PEG) als Coating-Polymer und Dopamin als Linker erwiesen sich in der Vergangenheit als biokompatibles Coating.[119] Linker können auf der Partikeloberfläche binden (chemisch oder physikalisch) und besitzen eine weitere funktionelle Gruppe, mit der das PEG, meist über eine Peptidbindung, gebunden werden kann. Diese Partikel sind sterisch stabilisiert und können als biokompatible Ferrofluide im wässrigen Medium eingesetzt werden.

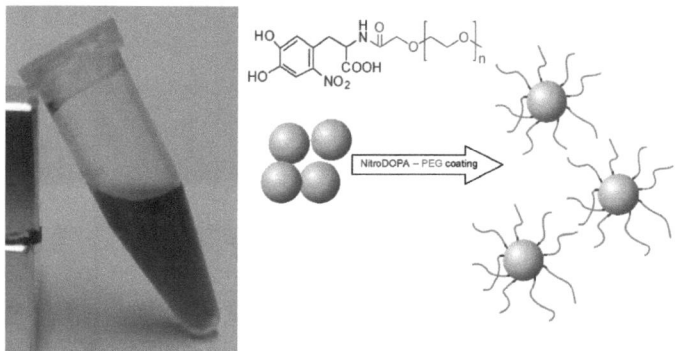

Abb. 51: Dispergierte Fe₃C-Nanopartikel und Stabilisierungsschema

Da sich dieses Coating bewährt hat, wurde diese Methode auch bei den Fe₃C-Nanopartikeln angewendet. Als Polymer wurde PEG (5 kD) und als Linker NitroDOPA verwendet. Dieses Coating zeigte bei Versuchen mit Fe₃O₄-Nanopartikeln in wässriger Lösung eine sehr hohe Kolloidstabilität.[120] Das Coating ist in Abb. 51 schematisch dargestellt. Im Folgenden werden erste Ergebnisse der Stabilisierung vorgestellt. Die Dispersion war über mehrere Wochen stabil und hatte eine dunkelgraue Farbe. Der für Ferrofluide typische magnetische Effekt (magnetische Flüssigkeit) konnte bei der Dispersion nicht beobachtet werden, da die Konzentration der Fe₃C- Nanopartikel zu gering war. Das TEM-Bild in Abb. 52 zeigt dispergierte Nanopartikel im Größenbereich von d < 10 nm, was mit der Größe der eingesetzten Fe₃C-Nanopartikel übereinstimmt. Die HR-TEM-Aufnahme zeigt die Gitternetzlinien der Nanopartikel. Der Netzebenenabstand konnte mittels FFT auf d = 0,20 nm bestimmt werden. Dies ist in guter Übereinstimmung mit dem theoretischen Wert von d = 0,2013 nm für die {031} Ebene des orthorhombischen Fe$_3$C ist. Die kristalline Struktur der Nanopartikel wird durch das Coating nicht beeinflusst, was mittels XRD-Messungen bestätigt werden kann (Abb. 53a). Für die XRD-Messungen wurden die dispergierten Partikel getrocknet.

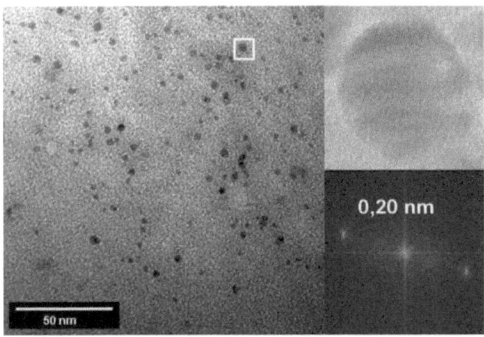

Abb. 52: HR-TEM-Aufnahme der mit NitroDOPA/PEG-Coating stabilisierten Partikel. Die obere rechte Abbildung zeigt den markierten Bereich mit dazugehöriger FFT (unten rechts)

Die gecoateten Partikel zeigen typisch XRD-Peaks des orthorhombischen Fe$_3$C, wenn auch, verglichen mit den ungecoateten Partikeln, in verringerter Intensität. Dieser Effekt kann dem Coating zugesprochen werden, welches die Partikel „abschirmt". Das Vorhandensein des Coatings auf den Partikeln wurde durch IR-Messungen gezeigt. Damit keine ungebundenen Coating-Polymere mehr vorhanden sind, welche die Messung verfälschen könnten, wurden die dispergierten Partikel mehrmals mit destilliertem Wasser gewaschen. Abb. 53b zeigt IR-Spektren der Fe$_3$C-Partikel ohne Coating, nur mit NitroDOPA und mit dem kompletten Coating. Als Referenz ist das IR-Spektrum NitroDOPA/PEG ohne Fe$_3$C-Nanopartikel dargestellt. Wie deutlich zu erkennen ist, erscheinen bei dem NitroDOPA gecoateten Partikeln zwei Banden bei 1490 cm^{-1} und 1280 cm^{-1}. Diese können der C-C-Ringschwingung und der NO$_2$-Streckschwingung des NitroDOPA´s zugeordnet werden. Die Partikel mit dem NitroDOPA/PEG-Coating zeigen alle IR-Banden der Referenzmessung, was bedeutet, dass sich das Coating auf der Partikeloberfläche befindet.

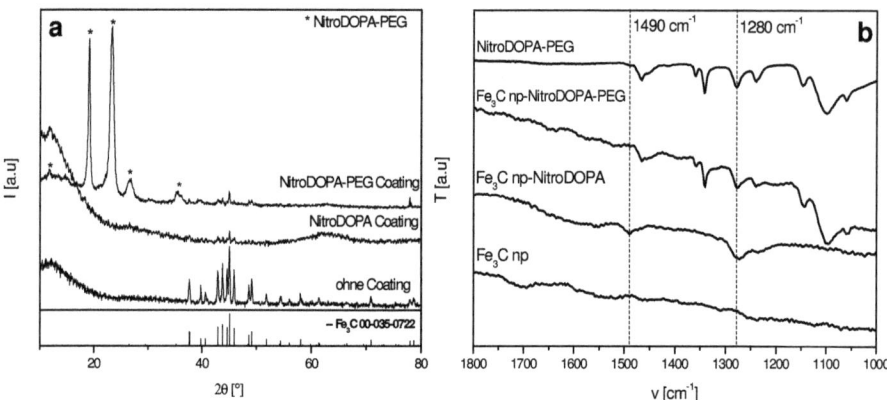

Abb. 53: a) XRD-Messungen der Fe₃C-Nanopartikel mit unterschiedlichem Coating und b) IR-Messungen derselben Proben plus Referenzmessung

In diesem Abschnitt konnte gezeigt werden, dass die synthetisierten Fe₃C-Nanopartikel dispergiert und auch stabilisiert werden können. Während des Stabilisierungsprozesses konnten die Partikelaggregate aufgelöst werden und die Partikel als Einzelpartikel stabilisiert werden. Dabei war sowohl die Stabilisation in ionischen Flüssigkeiten als auch die klassische Stabilisation mittels Polymercoating im wässrigen Medium erfolgreich. In beiden Fällen konnten Dispersionen hergestellt werden, welche über mehrere Wochen stabil waren. Dies stellt den ersten Schritt für die Synthese neuartiger Ferrofluide dar.

3.2 Erweiterung des Reaktionssystems - magnetische Nickel und Kobalt Nanopartikel

Neben Eisen gibt es nur zwei weitere Elemente welche weichmagnetische Eigenschaften besitzen, was bedeutet, dass sie bei RT ferromagnetisch sind und sehr leicht magnetisiert werden können. Diese Elemente sind Nickel und Kobalt. Auch Legierungen oder Gemische dieser Metalle weisen diese Eigenschaft auf. Im Bereich der magnetischen Metallcarbide/nitride ist die Wahl der Elemente ebenfalls auf diese drei beschränkt. Um das Eisencarbid/nitrid System auf andere Elemente zu übertragen, wurden Versuche mit Nickel und Kobalt durchgeführt, welche in den folgenden Kapiteln beschrieben werden.

3.2.1 Synthese von Nickelnitrid (Ni_3N) Nanopartikeln

Aus der Literatur ist bekannt, dass Nickelcarbid/nitrid nur bis zu Temperaturen von ca. 400 °C stabil ist.[121] Dies führt zu einer Umstellung der Syntheseparameter, da eine Reaktionstemperatur von 700 °C nicht mehr möglich ist. Auch müssen hier spezielle Anforderungen an die Metallsalze gestellt werden. In den Versuchen mit Eisen wurde gezeigt, dass die Bildung des Carbids bzw. die Carbidisierung erst bei Temperaturen von ca. 600 °C stattfindet. Die Verwendung von Nickelchlorid als Präkursor kann damit also ausgeschlossen werden, da dieses nur zu Carbiden bei höheren Temperaturen reagieren kann. Als geeigneter Präkursor wurde Nickel(II)acetat Tetrahydrat ($Ni(ac)_2$) gewählt, da dieses ähnlich wie die Acetylacetonate die Möglichkeit bietet, eine Oxid-Zwischenphase zu bilden, welche anschließend zu dem entsprechenden Produkt weiterreagiert. Als C/N-Quelle wurde Harnstoff gewählt, da dieses auch die Möglichkeit einer Nitrid-Bildung offen lässt (mit DI nicht möglich). Als Reaktionsmechanismus kann der in Kap. 3.1.2 beschriebene Weg angenommen werden. Als optimale Reaktionstemperatur wurden 400 °C ermittelt, da bei 500 °C schon eine komplette Reduktion zu metallischem Nickel erfolgte. Das molare Verhältnis Harnstoff/$Ni(ac)_2$ wurde von R = 1 - 4 variiert. Ausgehend von einer homogenen, grünen Lösung wurde die Reaktion mit den Syntheseparametern, 400 °C 1+3 h, durchgeführt. Die XRD-Ergebnisse sind in Abb. 54 dargestellt.

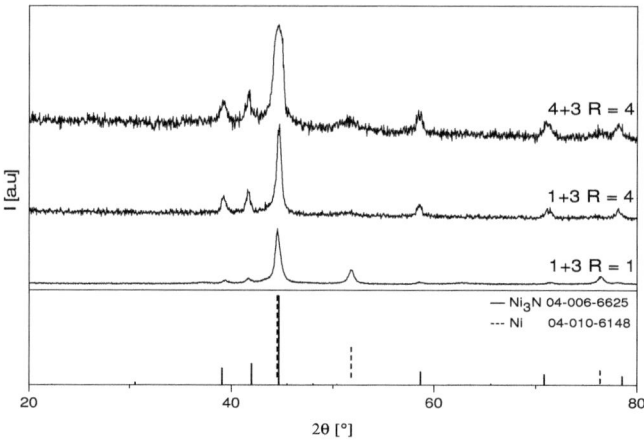

Abb. 54: XRD-Messungen der Ni_3N-Nanopartikel synthetisiert unter unterschiedlichen Reaktionsparametern

Wie zu erkennen ist, war es möglich mit R = 4 kristallines, hexagonales Nickelnitrid (Ni_3N) (ICCD 04-006-6625) zu synthetisieren. Es ist zu erkennen, dass nicht alle XRD-Peaks perfekt mit den Literatur Peaks übereinstimmen, sondern zu kleineren 2θ-Werten verschoben sind. Eine mögliche Ursache ist, dass sich einige C-Atome im Ni_3N-Gitter befinden und deshalb die Dimensionen der Ni_3N-Zelle leicht verändert sind. Umso kleiner das molare Verhältnis, desto größer wurde der Anteil einer metallischen Nickel Phase (ICCD 04-010-6148). Bei relativ niedrigen Temperaturen ist es möglich, über die Harnstoff-Glas-Route, Ni_3N zu synthetisieren. Anders als bei den $Fe(acac)_2$-Versuchen ist es bei Nickel nicht möglich mit der Variation des molaren Verhältnisses das Produkt zu verändern. Dies könnte daran liegen, dass bei den niedrigen Temperaturen keine reaktionsfähige Kohlenstoffspezies zur Verfügung steht. Eine Carbidisierung bei höheren Temperaturen ist aus vorabgenannten Gründen jedoch nicht möglich. Die Erhöhung der Heizzeit HZ von 1 h auf 4 h zeigte breitere XRD-Peaks, was auf kleinere Partikel schließen lässt. Als Nebeneffekt bildete sich ein kleiner Anteil einer metallischen Nickel Phase.

3. Ergebnisse und Diskussion

Tab. 6: Elementaranalyse der synthetisierten Ni_3N-Proben bei 400 °C unter N_2

HZ+RT	R	Produkte (XRD)	Elementaranalyse	
			N	C
			in [Gew.-%]	
1+3	1	Ni_3N + Ni	1,0	4,3
1+3	4	Ni_3N	14,4	14,4
4+3	4	Ni_3N + Ni	14,2	14,5

Elektronenmikroskopische Untersuchungen der Proben mit unterschiedlicher HZ sind in Abb. 55 dargestellt. Das REM-Bild zeigt einige einzelne Partikel und größtenteils, in einer Matrix, aggregierte Partikel. Bei der Matrix handelt es sich wiederum um eine amorphe C/N-Matrix (hohe Werte für C und N in der Elementaranalyse). Diese Struktur ist auch auf den TEM-Bildern zu erkennen. Die Ni_3N-Partikel können als Nanokristalle identifiziert werden, zu erkennen an der nicht komplett sphärischen Morphologie. Im Fall von HZ = 1 h liegen diese in einem Größenbereich von d = 20 – 30 nm und im Fall von HZ = 4 h im Größenbereich von d = 5 – 20 nm. Die über die Debye-Scherrer-Gleichung ermittelten Werte belaufen sich auf d_{DS} = 18,2 nm für HZ = 1 und d_{DS} = 8,7 nm für HZ = 4. Dies zeigt deutlich, dass mit der Erhöhung der Heizzeit die Partikelgröße verändert werden kann. Jedoch bildet sich bei längerer HZ eine metallische Nickel Phase, was auf den Zerfall des Ni_3N zurückzuführen ist.

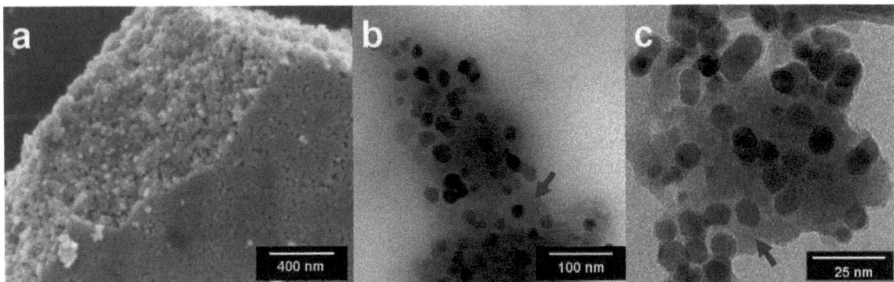

Abb. 55: a) REM- und b) TEM-Aufnahme der Ni_3N-Nanopartikel synthetisiert bei 400 °C 1+3 h R = 4; c) TEM-Aufnahme der Ni_3N-Nanopartikel synthetisiert bei 400 °C 4+3 h R = 4 (die Pfeile markieren die amorphe Phase)

Der Einfluss der zusätzlichen Ni^0-Phase auf die Morphologie der Probe R = 1 ist in Abb. 56 dargestellt. Das TEM-Bild zeigt aggregierte Partikel im Größenbereich von d = 10 – 25 nm (d_{DS} = 15,9 nm) aber in diesem Fall keine amorphe Matrix. Dies ist in Übereinstimmung mit den EA Ergebnissen, welche nur einen geringen Anteil an C und N zeigt. In der REM-Aufnahme sind einmal kleine, aggregierten Partikel (Abb. 56b1) zu erkennen und außerdem eine Scheiben-ähnliche Überstruktur (Abb. 56b2), welche aus diesen Partikeln aufgebaut ist. Die Scheiben sind ca. 1 µm im Durchmesser und besitzen eine homogene Größenverteilung.

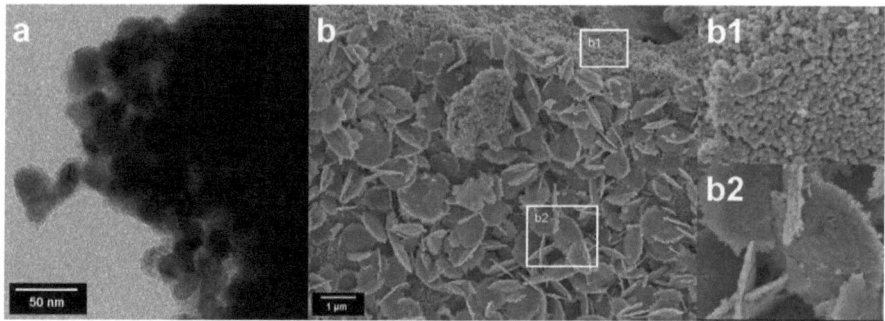

Abb. 56: a) TEM- und b) REM-Aufnahme der Ni_3N-Nanopartikel synthetisiert bei 400 °C 1+3 h R = 1; b1) zeigt aggregierte Nanopartikel und b2) zeigt die Disk-ähnliche Aggregate der Nanopartikel

Diese Zusammenlagerung könnte auf die magnetischen Eigenschaften der Materialien zurückzuführen zu sein. Die Magnetisierungskurven der Proben synthetisiert mit R = 1 und R = 4 sind in Abb. 57 dargestellt. Der Unterschied in der Magnetisierung ist deutlich zu erkennen. Die Ni^0-freie Probe besitzt nur eine sehr geringe Sättigungsmagnetisierung von M_S = 2,1 emu/g. Eine Hysterese konnte nicht festgestellt werden, was auf Superparamagnetismus hinweist. Die niedrige Sättigungsmagnetisierung von Ni_3N ist erwartet und vergleichbar mit anderen Literaturwerten.[122] Die Magnetisierungskurve der Probe mit Ni^0 weist eine viel höhere Sättigungsmagnetisierung von M_S = 24 emu/g auf und zeigt eine Hysterese mit M_R = 7,3 emu/g und H_C = 22 Oe. Die Steigerung in der Sättigungsmagnetisierung kann mit dem Vorhandensein von metallischem Nickel erklärt werden, da dieses im Vergleich eine viel höhere Sättigungsmagnetisierung aufweist als Ni_3N.

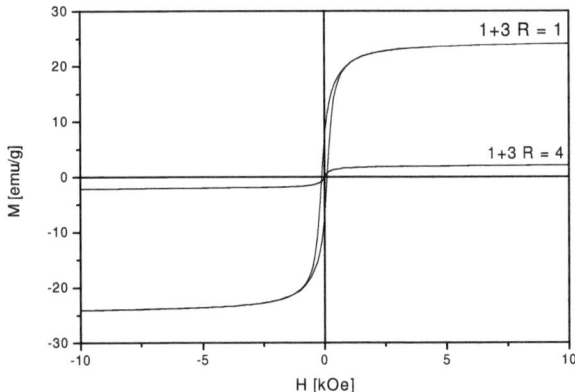

Abb. 57: Magnetisierungskurven der Ni_3N-Nanopartikel synthetisiert bei 400 °C 1+3 h mit unterschiedlichen R, gemessen bei RT

Diese zusätzliche Ni^0-Phase und damit eine zusätzliche ferromagnetische Spezies könnte der Grund für die orientierte Aggregation sein. Beobachtet wurden solch Selbstorganisations-Effekte z.b. für ZnO-Nanopartikel mit einer zusätzlichen ferromagnetischen Co-Spezies[123] oder für TiO_2-Nanopartikel.[75] Ob die zusätzliche ferromagnetische Spezies tatsächlich der Grund für die Selbstorganisation ist, muss in weitere Untersuchungen geklärt werden.

Es konnten erfolgreich magnetische Ni_3N-Nanokristalle synthetisiert werden. Die Nanokristalle weisen eine hohe Homogenität und Kristallinität auf. Mit Variation der HZ konnte die Größe der Partikel von d = 18,2 nm auf d = 8,7 nm verändert werden. Mit der Variation des Harnstoff/Ni-Verhältnisses konnte eine zusätzliche metallische Nickel Phase in den Proben erzeugt werden, welche erstens die Sättigungsmagnetisierung um etwa das 10fache erhöht und zweitens eine Selbstorganisation zu Scheiben-ähnlichen Strukturen vorantreibt.

3.2.2 Synthese von Kobalt (Co) Nanopartikeln

Da die Kobaltcarbide/nitride sehr ähnliche Eigenschaften, in Bezug auf thermische Stabilität, wie die Nickelverbindungen aufweisen,[124] wurden die gleichen Ausgangsstoffe und Syntheseparameter wie in der Ni_3N-Synthese verwendet: 400 °C 1+3 h unter N_2. Da diese zu keiner kristallinen Phase führten, wurde die Temperatur auf T = 500 °C erhöht. Bei dieser Temperatur bildete sich ausschließlich metallisches Kobalt. Einmal gebildet, kann dieses nicht mehr in ein Carbid/Nitrid umgewandelt werden. Es wurden zahlreiche Versuche mit Variation der RZ, HZ, R und verschiedenen Kobalt und C-Quellen durchgeführt, jedoch konnte kein kristallines Kobaltcarbid oder –nitrid synthetisiert werden. Trotz alledem wurden interessante Ergebnisse mit Kobalt(II)acetat Tetrahydrat und 4,5-Dicyanoimidazol mit den Syntheseparametern, 700 °C 1+2 h mit R = 1, erzielt.

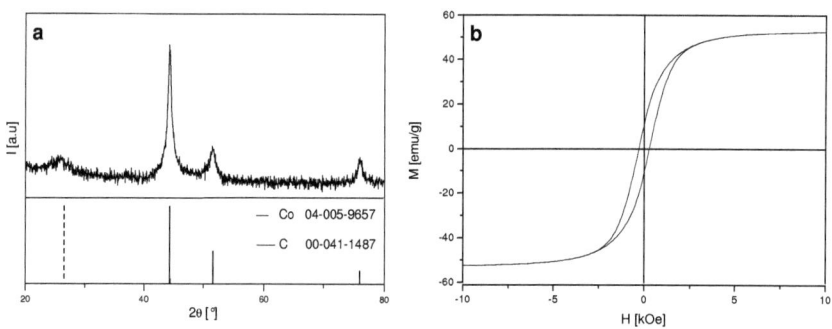

Abb. 58: a) XRD und b) magnetische Messungen bei RT der Co-Nanopartikel synthetisiert bei 700 °C 1+2 h

Erwartungsgemäß zeigt die röntgendiffraktometrische Messung (Abb. 58) eine kristalline Kobalt Phase (ICCD 00-005-9657) mit einer zusätzlichen graphitischen Kohlenstoff-Phase (ICCD 00-041-1487). Ergebnisse der Elementaranalyse bestätigen diese Ergebnisse, welche ca. 40 Gew.-% C ermittelte. TEM- und REM-Ergebnisse sind in Abb. 59 dargestellt. Die TEM-Aufnahme zeigt aggregierte Partikel im Größenbereich von d = 5 – 20 nm (d_{DS} = 11,6 nm). Auf der Oberfläche der Aggregate befinden sich längliche Strukturen, welche als Kohlenstoff Nanoröhrchen (CNT's) identifiziert werden konnten. Die

REM-Aufnahme zeigt die gleichen Strukturen, in Sphären von d = 200 – 500 nm aggregierte Partikel, auf deren Oberfläche sich CNT's befinden.

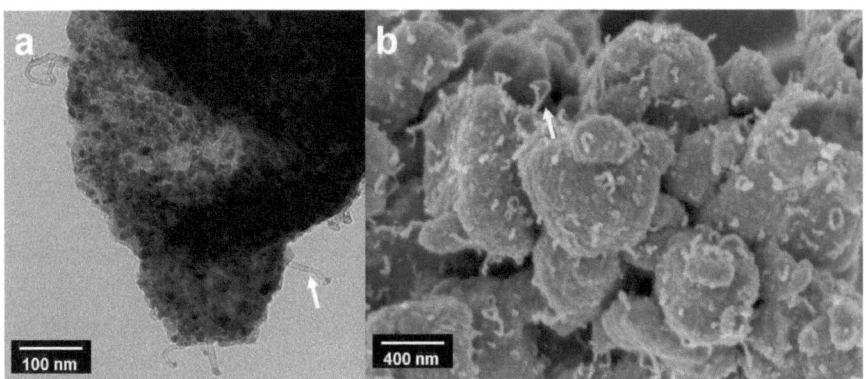

Abb. 59: a) TEM- und b) REM-Aufnahme der Co-Nanopartikel synthetisiert bei 700 °C 1+2 h; die Pfeile markieren die CNT's

Die Kobalt Nanopartikel sind sehr einheitlich in diesen Sphären aggregiert, was auf Aggregation aufgrund energetischer Effekte schließen lässt (Reduzierung der Oberflächenenergie der einzelnen Partikel). Sie besitzen eine Sättigungsmagnetisierung von M_S = 52,5 emu/g und eine Hysterese mit M_R = 10,8 emu/g und H_C = 280 Oe, was ferromagnetischem Verhalten bei RT entspricht. Aufgrund der geringen Partikelgröße wäre auch Superparamagnetismus denkbar, tritt aber aufgrund der Aggregation nicht auf. Wird die Sättigungsmagnetisierung nur auf die magnetische Kobalt-Spezies berechnet, so erhöht sich diese auf M_S = 95 emu/g.

Die CNT's sind in Abb. 60a genauer dargestellt. Die Kohlenstoffröhrchen besitzen einen Durchmesser von ca. d = 11 nm und damit in etwa den gleichen Durchmesser wie die Co-Partikel. Diese Übereinstimmung hängt direkt mit dem Wachstum der Röhrchen zusammen. Neben Eisen und Nickel ist auch Kobalt in der Lage das Wachstum von CNT's zu katalysieren.[125] Der genaue Bildungsmechanismus ist bekannt und in der Literatur beschrieben.[126] Die graphitische Struktur der CNT's konnte mit Raman Messungen (Abb. 60b) bestätigt werden. Die für Graphit typischen Banden sind vorhanden, allerdings nicht sehr ausgeprägt, was auf einen niedrigen Graphitisierungsgrad hinweist.

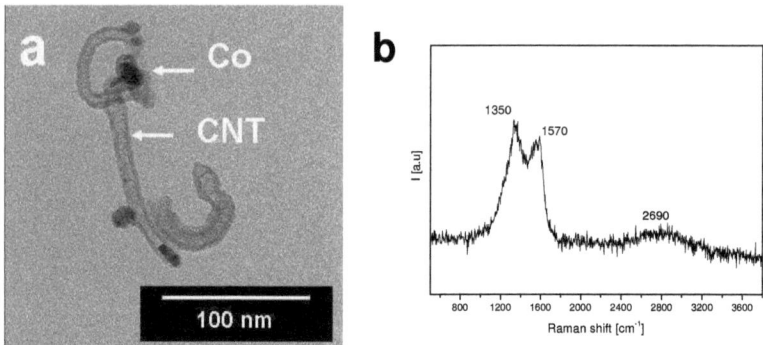

Abb. 60: a) TEM-Aufnahme eines einzelnen Kohlenstoff Nanoröhrchens und b) Raman Spektrum der Kobalt Nanopartikel

Abschließend kann gesagt werden, dass es unter gegebenen Syntheseparametern nicht möglich war, ein kristallines Kobaltcarbid/nitrid zu synthetisieren. Es konnten Co-Nanopartikel synthetisiert werden, welche in ca. 300 nm Sphären aggregiert sind. Katalysiert durch diese konnten CNT´s auf der Oberfläche wachsen. Die Probe weist eine große Homogenität auf, besitzt gute magnetische Eigenschaften und vor allem eine hohe Sättigungsmagnetisierung. Eingesetzt werden können Co-Nanopartikel, auch in Verbindung mit einer zusätzlichen Kohlenstoffphase, u.a. als Katalysator in der Fischer-Tropsch-Synthese.[127, 128]

Mit den Nickel und Kobalt Versuchen konnte gezeigt werden, dass die Harnstoff-Glas-Route auch auf diese Elemente anwendbar ist und magnetische Systeme im Nanometerbereich synthetisiert werden können. Aufgrund dieser Ergebnisse können sich zukünftige Arbeiten mit Mischsystemen aus CoFe, NiFe bzw. CoNiFe beschäftigen, welche interessante magnetische und auch morphologische Eigenschaften zeigen dürften.

3.2.3 Ausblick und Rückblick – synthetisches Cohenit

Als kurzer Ausblick soll ein Beispiel für ein FeCo-Mischsystem gegeben werden. Dieses Beispiel kann auch als Rückblick angesehen werden, da in der Einleitung von Cohenit gesprochen wurde, ein meteoritisches Mineral mit der Summenformel M_3C mit M = Fe, Co, Ni. Mit dem Zusatz von 10 Gew.-% $Co(ac)_2$ zu $Fe(acac)_2$ konnte auf synthetischem Weg Cohenit synthetisiert werden. Die Synthese erfolgte wie im Anhang Kap. 5.1.2 beschrieben für Fe_3C.
Das XRD-Spektrum der Probe (Abb. 61a) zeigt nur Peaks einer kristallinen Fe_3C-Phase, was die Schlussfolgerung zulässt, dass die Co-Atome auf den Gitterplätzen der Fe-Atome sitzen, also eine $(Fe,Co)_3C$-Mischphase vorhanden ist. Die REM-Aufnahme zeigt sphärische Partikel im Größenbereich von 10 – 150 nm. Der eigentliche wichtige Unterschied ist jedoch die Magnetisierung. Mit einer Sättigungsmagnetisierung von M_S = 63 emu/g ist diese im Vergleich zu dem reinen Fe_3C (M_S = 39 emu/g) um 24 emu/g gesteigert, bei vergleichbaren Kohlenstoffgehalt von 33 Gew.-%. Dies kann zu einem an den größeren Partikeln liegen, vor allem aber an den Co-Atomen im Fe_3C-Gitter.

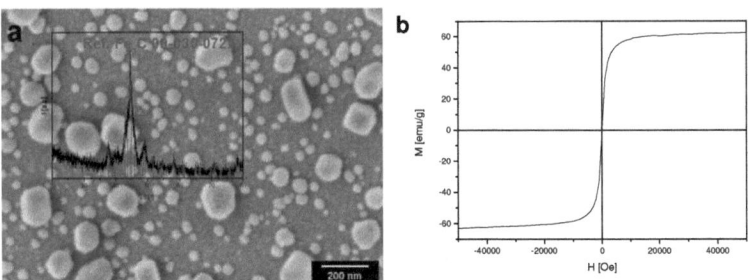

Abb. 61: a) REM-Aufnahme mit inliegenden XRD-Spektrum und b) Magnetisierungskurve bei RT von der FeCo- Probe synthetisiert bei 800 °C 1+2 h

Auf einfachen Weg, mittels Zugabe von 10 Gew.-% $Co(ac)_2$ konnte die Magnetisierung um ein Drittel gesteigert werden ohne die Syntheseparameter zu verändern. Wird dies gezielt und auch auf weitere Mischphasen angewendet, können noch bessere magnetische Eigenschaften erzielt werden.

4. Zusammenfassung und Ausblick

Ziel dieser Arbeit war die Synthese von magnetischen Metallcarbid und –nitrid Nanostrukturen mittels der „Harnstoff-Glas-Route" und damit verbunden die Erweiterung des Reaktionssystems auf die ferromagnetischen Elemente Eisen, Nickel und Kobalt. Die Methode verläuft über die Bildung eines gelartigen Ausgangsmaterials, bei dem die Metallatome mit den Harnstoffmolekülen eine Komplexbildung eingehen, und anschließend durch carbothermale Reduktion/Nitridierung bei höheren Temperaturen in die entsprechenden Carbide/Nitride überführt werden können. Dabei wurde der Einfluss verschiedener Metall- und C/N-Quellen auf die entstandenen Produkte untersucht, desweiteren verschiedene Syntheseparameter.

Die Tatsache, dass die carbothermale Reduktion mit direkter Carbidisierung eine Abfolge von verschiedenen, aufeinanderfolgenden Prozessen ist, welche teilweise simultan ablaufen, macht eine komplette Analyse der einzelnen Reaktionsschritte sehr schwierig. Die TGA und die Analyse der in der Gasphase entstandenen Stoffe liefern gute Hinweise über den Zerfall der C/N-Moleküle und der carbothermalen Reduktion. Kristallinität und Morphologie der synthetisierten Materialien konnten mit XRD- und TEM/REM-Untersuchungen bestimmt werden. Für die Reinheit der synthetisierten Produkte wurden Mößbauer Messungen durchgeführt, mit welchen, speziell für Eisen, auch kleinste Phasenanteile erkannt werden können. Die magnetischen Eigenschaften wurden mit VSM und SQUID Messungen ermittelt.

Durch die Verwendung geeigneter Metall- und C/N-Quellen war es möglich, für Eisen und Nickel die entsprechenden Carbide/Nitride zu synthetisieren. Für Kobalt war unter gegebenen Reaktionsbedingungen nur eine komplette Reduktion zu metallischem Kobalt möglich.

Der Schwerpunkt dieser Arbeit lag auf Eisen, da Eisencarbid/nitrid chemisch stabil vergleichbar zu Eisenoxid ist, aber in mechanischen und magnetischen Eigenschaften über bessere Eigenschaften verfügt. Dementsprechend kann diese Arbeit als Startpunkt für die Herstellung von Fe_3C-Nanostrukturen gesehen werden, welche in naher Zukunft ein geeigneter Ersatz für Eisenoxid in vielen Anwendungen sein könnte.

Das größte Problem in der Synthese von Eisencarbiden/nitriden ist die Eigenschaft, dass es sich um metastabile Verbindungen handelt, d.h. sie zersetzen sich bei höheren Temperaturen oder falscher Temperaturbehandlung. Deshalb ist die richtige Synthesetemperatur und damit verbunden die korrekte Heizbehandlung von entscheidender Bedeutung.

Mittels Eisenchlorid konnten durch gezielte Variation der Reaktionsmatrix verschiedene Strukturen von Fe_3C synthetisiert werden. Durch die Verwendung von $FeCl_2$ und $Fe(CO)_5$ im Verhältnis 2:1 und Harnstoff konnten Fe_3C-Nanopartikel im Größenbereich von d = 5 – 8 nm synthetisiert werden. Aufgrund ihrer geringen Größe weisen die Partikel Superparamagnetismus bei Raumtemperatur auf. Mit einer Sättigungsmagnetisierung von M_S = 47 emu/g ist diese im Vergleich zu Eisenoxid, mit gleicher Partikelgröße, höher. Es ist außerdem zu erwähnen, dass das synthetisierte Fe_3C frei von metallischem Eisen und graphitischem Kohlenstoff vorliegt, was eine Voraussetzung für ein erfolgreiches Dispergieren der Partikel und als Anwendung für Ferrofluide darstellt.

In ersten Versuchen war es möglich diese Partikel auf zwei Wegen zu dispergieren. Als erstes konnten die Partikel erfolgreich in einer ionischen Flüssigkeit [EMIM][SCN] dispergiert und über mehrere Wochen stabilisiert werden. Das gleiche konnte mit einem NitroDOPA-PEG-Coating erreicht werden. Diese beiden Versuche zeigen die Möglichkeit neuartigen Ferrofluide. Aufgrund der besseren magnetischen Eigenschaften könnten diese als MRT Kontrastmittel oder magnetische Speichermedien die Leistungsfähigkeit von jetzigen Eisenoxid Ferrofluiden erreichen und auch steigern.

Mit $FeCl_3$ und 4,5-Dicyanoimidazol und einem Hard-Templating mit kolloidalen Silika konnte eine schwammartige Fe_3C-Struktur mit hoher spezifischer Oberfläche (ca. 410 m^2/g) synthetisiert werden. Eine hohen spezifische Oberfläche und die magnetischen Eigenschaften des Fe_3C sind gute Voraussetzungen für die Anwendung als Katalysator. Die katalytische Aktivität konnte dann auch erfolgreich in der Ammoniak-Zersetzung getestet werden.

Da mit Eisenchlorid nur die Synthese von Fe_3C möglich war, wurden Versuche mit Eisenacetylacetonat durchgeführt. Durch die Variation des molaren Verhältnisses Harnstoff/Fe(acac)$_2$ ist es gelungen Eisennitrid Fe_3N und Eisencarbid mit der Zusammensetzung Fe_7C_3 zu synthetisieren. Mit Veränderung der Synthesetemperatur konnte außerdem das Fe_3N in Fe_3C überführt werden. Die Morphologie der entstandenen Materialien war in allen Fällen Nanopartikel im Größenbereich d < 100 nm, größtenteils zwischen 10 und 20 nm. Als Grund für die erfolgreiche Synthese der verschiedenen Eisencarbide/nitride konnte eine Eisenoxid-Zwischenphase identifiziert werden, welche sich vor der eigentlichen carbothermalen Reduktion/Nitridierung bildete. Wie in den anderen Synthesen sind auch hier die Produkte frei von jeglichen kristallinen Nebenprodukten. Die Sättigungsmagnetisierung der Fe_3C-Nanopartikel konnte nochmals gesteigert werden.

Nickelnitrid Ni_3N konnte erfolgreich aus Nickelacetat und Harnstoff synthetisiert werden. Nickelcarbid war mit gegebenen Syntheseparametern nicht zugänglich. Dabei konnte die Größe der Nanokristalle mit Erhöhung der Heizzeit von d = 18 nm auf d = 9 nm reduziert werden. Eine zusätzliche metallische Nickelphase bei kleineren Verhältnissen Harnstoff/Ni führte zu einer Selbstorganisation der Partikel in Scheiben-ähnliche Überstrukturen. Die magnetischen Eigenschaften konnten als Ferromagnetismus bei RT mit einer niedrigen Sättigungsmagnetisierung bestimmt werden.

Für Kobalt konnten keine Carbide oder Nitride mit den gegebenen Syntheseparametern synthetisiert werden. Versuche bei höheren Temperaturen führten zu metallischen Co-Nanopartikeln im Größenbereich von d = 12 nm, welche die Entstehung von CNT´s katalysierten. In diesem Fall wurde die Instabilität der Carbide und die daraus resultierende katalytische Aktivität der metallischen Partikel ausgenutzt.

Erste Tests mit Eisen und Kobalt als Mischphase führten zu einer $(Fe,Co)_3C$ Verbindung, bei der die Eisenatome partiell durch Kobaltatome ausgetauscht wurden, wodurch die Sättigungsmagnetisierung um 24 emu/g gesteigert werden konnte.

Fortführende Arbeiten liegen in der Synthese von eben solchen Mischphasen, da mit diesen die magnetischen Eigenschaften weiter gesteigert werden können, bzw. neue Eigenschaften wie große Restmagnetisierung und Koerzitivfeldstärke für Dauermagneten erreicht werden können. Auch die Wirksamkeit in anderen katalytischen Prozessen ist denkbar.

Fortführende Arbeiten im Bereich der Ferrofluide müssen nun zeigen, dass die dispergierten Partikel in wässrigem Medium über einen langen Zeitraum stabil sind und vor allem auch in geeigneter Konzentration in dem jeweiligen Medium vorliegen. Speziell für den Gebrauch als Ferrofluid und die Verwendung als MRT Kontrastmittel müssen außerdem Toxizitätsuntersuchungen vorgenommen werden und das Verhalten im biologischen Medium untersucht werden. Auch die Optimierung der magnetischen Eigenschaften, vor allem durch größere Nanopartikel, ist das Ziel fortführender Arbeiten.

Eine Optimierung des mesoporösen Systems und die damit verbundene Verbesserung der katalytischen Aktivität in der Ammoniak Zersetzung kann als weiteres Ziel definiert werden. Die Ausweitung auf andere katalytische Reaktionen wie die Fischer-Tropsch-Reaktion, soll außerdem untersucht werden. Hierbei spielt vor allem das Eisencarbid in der Fe_7C_3-Struktur eine wichtige Rolle.

Wie in allen nanopartikulären Systemen ist auch hier das Ziel Größe, Form und die damit verbundenen Eigenschaften der Nanopartikel zu steuern und diese zu optimieren. Deshalb wurde mit dieser Arbeit der Grundstein für die Synthese von magnetischen Metallcarbiden/nitriden gelegt, viel Raum für Optimierung bleibt bestehen.

5. Anhang

5.1 Synthese der Nanostrukturen

5.1.1 Synthese von Fe$_3$C mittels Eisenchlorid

5.1.1.1 Synthese von Eisencarbid (Fe$_3$C) Nanopartikeln

In einem typischen Experiment wurden 81 ml (0,61 mmol) Eisenpentacarbonyl (Fe(CO)$_5$, Acros Organics, 99,5%) mit 1 g Ethanol (C$_2$H$_5$OH, VWR, 99,8%) gemischt. Die Lösung war hellgelb und klar. Anschließend wurden 244 mg (1,23 mmol) Eisen(II)chlorid Tetrahydrat (FeCl$_2$·4H$_2$O, Sigma Aldrich, 99%) unter Rühren hinzugegeben. Das Mol-Verhältnis zwischen FeCl$_2$·4H$_2$O und Fe(CO)$_5$ betrug hierbei 2/1. Nachdem das FeCl$_2$·4H$_2$O vollständig gelöst war verfärbte sich die hellgelbe Lösung nach kurzer Zeit dunkelgelb, blieb aber klar. Zuletzt wurden 333 mg (5,55 mmol, 3[*]) Harnstoff (CH$_4$N$_2$O, Roth, ≥ 99,5%) hinzugegeben und mit dem Vortex zu einer homogenen Lösung vermischt. Nach etwa 10 min bildete sich eine hellbraune, pastenartige Mischung. Diese wurde in einen Porzellantiegel überführt und unter Stickstoff für 1+2 h auf 700 °C erhitzt. Nach Beendigung der Reaktion wurde die Probe unter N$_2$ Fluss auf RT abgekühlt und für weitere Messungen mit dem Mörser zerkleinert. Das erhaltene feine Pulver war dunkelgrau und magnetisch. Eine anschließende Aufbereitung der Probe war nicht notwendig.

---

[*] bedeutet molares Verhältnis zwischen Harnstoff und Eisen; 5,55 mmol / 1,85 mmol = 3

5.1.1.2 Synthese von mesoporösem Eisencarbid (Fe_3C)

Für die Synthese wurden 1 g Ludox AS40 (kolloidales Silika, $d_{(Partikel)}$ = 20 nm, Aldrich, 40 Gew.-% Lösung in H_2O) sowohl als Lösemittel als auch als Template verwendet. 500 mg (1,85 mmol) Eisen(III)chlorid Hexahydrat ($FeCl_3 \cdot 6H_2O$, Acros Organics, 99+%) wurden solange gerührt, bis eine klare, dunkelbraune Suspension entstand. Anschließend wurden 437 mg (3,7 mmol, 2) 4,5-Dicyanoimidazol ($C_5H_2N_4$, Merck, > 99%) unter Rühren gelöst. Die Suspension verfärbte sich hellgelb und wurde dickflüssiger. Das entstandene Ausgangsmaterial wurde in einen Porzellantiegel überführt und unter N_2 Fluss für 4+2 h auf 700 °C erhitzt. Nach dem Abkühlen unter N_2 auf RT wurde das entstandene schwarze und magnetische Pulver in einem Mörser zerkleinert. Um das Template von der Probe zu entfernen, wurde das Pulver in 50 ml 1 M Natronlauge (NaOH, Merck, TitriPUR®) dispergiert und über Nacht rühren gelassen. Danach wurde das Pulver mit einem Magneten von der Lösung abgetrennt und die Prozedur noch einmal wiederholt. Nach Beendigung der Aufbereitung wurde das Pulver dreimal mit destilliertem Wasser gewaschen und im Vakuum Trockenschrank bei 40 °C getrocknet. Das Pulver war sehr fein, schwarz und magnetisch.

5.1.2 Synthese von Fe_3C, Fe_7C_3 und Fe_3N mittels Eisenacetylacetonat

Zur Herstellung wurden 250 mg (1,0 mmol) Eisen(II)acetylacetonat ($C_{10}H_{14}FeO_4$, Aldrich, 99,95%) in 1 g Ethanol unter Rühren vollständig dispergiert. Die Suspension hatte eine dunkelrote Farbe und war trüb. Anschließend wurde für die jeweiligen Produkte die benötigte Menge Harnstoff hinzugegeben und vollständig gelöst. Die Farbe der Suspension änderte sich nicht. Die homogene Suspension wurde in einen Porzellantiegel überführt und der entsprechenden Heizbehandlungen unter N_2 unterzogen. Im Folgenden sind die Mengen an Harnstoff und die Heizbehandlungen für die entsprechenden Produkte aufgeführt:

- 180 mg (3,0 mmol, 3) Harnstoff, 1+2 h 600 °C für Fe_3N-Nanopartikel
- 300 mg (5,0 mmol, 5) Harnstoff, 4+2 h 700 °C für Fe_7C_3-Nanopartikel
- 180 mg (3,0 mmol, 3) Harnstoff, 1+2 h 800 °C für Fe_3C-Nanopartikel

Nach Abkühlen auf RT unter N_2 wurden die erhaltenen Produkte für weitere Untersuchungen mit einem Mörser zerkleinert. Alle Produkte waren schwarz, glänzend und magnetisch. Eine folgende Aufarbeitung der Probe war nicht notwendig.

5.1.3 Synthese von Ni_3N-Nanopartikeln

250 mg (1,0 mmol) Nickel(II)acetat Tetrahydrat (($C_2H_3O_2)_2Ni\cdot 4H_2O$, Aldrich, 98%) wurden in 1 g Ethanol unter Rühren gelöst. Anschließend wurden 240 mg (4,03 mmol, 4) Harnstoff hinzugegeben und gerührt bis eine klare Lösung entstand. Die Lösung war hellgrün gefärbt. Nach dem Heizen 1+3 h auf 400°C und folgendem Abkühlen auf RT unter N_2 wurde ein silbrig/schwarz glänzendes und magnetisches Produkt erhalten. Eine anschließende Probenaufbereitung war nicht notwendig.

5.1.4 Synthese von Co-Nanopartikeln

Es wurden 250 mg (1,0 mmol) Kobalt(II)acetat Tetrahydrat (($C_2H_3O_2)_2Co\cdot 4H_2O$, Alfa Aesar, 98,0 – 102,0 %) in 1 g Ethanol homogen dispergiert. Anschließend wurden 118 mg (1,0 mmol, 1) 4,5-Dicyanoimidazol hinzugegeben und solange gerührt, bis eine dickflüssige, trübe und rosa gefärbte Suspension entstand. Diese wurde in einen Porzellantiegel überführt und 1+2 h bei 700°C unter N_2 geheizt. Nach Abkühlen unter N_2 auf RT entstand ein schwarzes, sehr feines und hoch magnetisches Pulver. Eine anschließende Probenaufbereitung war nicht notwendig.

5.2 Messparameter

Röntgendiffraktometrie (XRD)

Röntgendiffraktometrische Messungen wurden mit einem Bruker D8 Diffraktometer mit Cu-Kα Strahlung ($\lambda = 0,154$ nm) und Szintillationsdetektor durchgeführt. Zum Messen wurden

Silizium-Einkristall Probenträger verwendet. Die Proben wurden in einem Bereich von $2\theta = 10° - 80°$ mit einer Schrittgröße von $0,05°$ gemessen.

Transmissionselektronenmikroskopie (TEM, HR-TEM)

TEM-Aufnahmen wurden an einem Zeiss EM 912 Ω mit einer Beschleunigungsspannung von $U_{acc} = 120$ kV durchgeführt. HR-TEM-Aufnahmen und EDX wurden an einem Philips CM 200 LaB$_6$ Instrument durchgeführt, welches mit einer Beschleunigungsspannung von $U_{acc} = 200$ kV arbeitet. Die Proben wurden hierfür in Ethanol mit dem Ultraschallbad dispergiert bis eine leicht gefärbte Dispersion entstand. Anschließend wurde ein Tropfen auf ein mit Kohlenstoff überzogenes Cu-Grid aufgetragen. Die Messungen erfolgten nach verdampfen des Lösemittels.

Rasterelektronenmikroskopie (REM)

REM-Studien wurden mit einem LEO 1550-Gemini Instrument durchgeführt. Die Proben wurden auf einen Kohlenstoff überzogenen Probenhalter aufgetragen und mit einer Au/Pd Legierung durch Sputtern überzogen. Anschließend wurden die Proben bei einer Beschleunigungsspannung von $U_{acc} = 3$ kV gemessen.

Elementaranalyse (EA)

Elementaranalyse für die Elemente Kohlenstoff, Stickstoff, Wasserstoff und Sauerstoff wurde mit einem Vario EL Elementar durchgeführt.

Optische Emissionsspektroskopie mit induktiv gekoppeltem Plasma (ICP-OES)

Der Eisengehalt wurde mit einem Vista-MPX CCD Simultaneous ICP-OES mit radialem Plasma bestimmt.

5. Anhang

Thermogravimetrische Analyse (TGA)

TGA unter N_2 und O_2 wurde in einem Temperaturbereich von RT – 1000°C mit einer Heizrate von 10 K/min mit einem Netsch TG 209 F1 Iris durchgeführt. Die Flussrate des Gases betrug 20 ml/min. Die Proben wurden in Aluminium Tiegeln gemessen.

Thermische Zersetzung mit anschließender GC-MS

Thermische Zersetzung wurde mittels eines ChemBET Pulsar automated Chemisorption Analysers durchgeführt. Die Probe wurde getrocknet (Lösemittel vorher entfernt) in der Proben-Glaskapillare vorgelegt und mit Helium ca. 30 min gespült, bis die Grundlinie konstant war. Anschließend wurden die Proben bei einem konstanten Gasfluss mit einer Heizrate von 5K/min auf 800 °C aufgeheizt. Die entstandenen Gase wurden mit einem Massenspektrometer von MS Thermostar[TM] von Pfeiffer Vacuum gemessen. Die Ergebnisse wurden mit der Pfeiffer Vacuum Quadstar 32-Bit Software ausgewertet.

Infrarotspektroskopie (FT-IR)

IR-Spektren wurden mit einem Varian 1000 FT-IR Gerät aufgenommen. Die Proben wurden als KBr Pressling vermessen.

Raman Spektroskopie

Raman Spektren wurden mit einem WiTec Confocal Raman Mikroskop alpha300 R aufgenommen. Das Gerät arbeitet mit einem grünen Nd/YAG-Laser mit einer Wellenlänge von $\lambda = 532$ nm. Die Laser Intensität wurde möglichst klein gehalten um eine Probenbeschädigung zu vermeiden.

Mößbauer Spektroskopie

Mößbauer Spektren wurden mit Rückstreugeometrie mit einem miniaturisierten Mößbauer Spektrometer MIMOS II, ausgestattet mit einer ^{57}Co-Quelle und einem Sichtfeld von d = 15 mm, gemessen. Gemessen wurde die bei 14,4 keV gestreute Mößbauer Strahlung bei Raumtemperatur.

N$_2$-Sorptions Experimente

Stickstoff-Sorptions Experimente wurden bei einer Temperatur von flüssigem Stickstoff mit einem QuadrasorbSI Gerät von Quantachrome durchgeführt. Vor der Messung wurden die Proben 20 h bei 150 °C entgast. Die spezifische Oberfläche der Proben wurde mittels BET-Methode bestimmt.

Magnetisierungsmessungen (SQUID)

SQUID Messungen wurden am Helmholtz Zentrum Berlin (HZB) mit einem MPMS-5T von Quantum Design durchgeführt. Das SQUID ist ausgestattet mit einem 5 Tesla supraleitenden NbTi Magneten. Hystereseschleifen wurden mit einer maximalen Feldstärke von 5 T bei Raumtemperatur gemessen. ZFC/FC-Kurven wurden von 10 – 350 K bei 0,05 T und 1T gemessen.

5.3 Elektronendiffraktometrie

Tab. 1: Durch Elektronendiffraktometrie (SAED*) ermittelte $d_{spacing}$ Werte und berechnete Werte des orthorhombischen Fe_3C: Ref. ICDD-PDF4+ database 00-035-0772

d (gemessen)	d (berechnet)[a]	hkl[a]
3,43	3,37	020
2,554	2,54	200
2,139	2,11	211
1,644	1,64	212
1,503	1,51	222

---

* SAED – Selected Area Electron Diffraction

5.6 Thermischen Zersetzung mit anschließender GC-MS

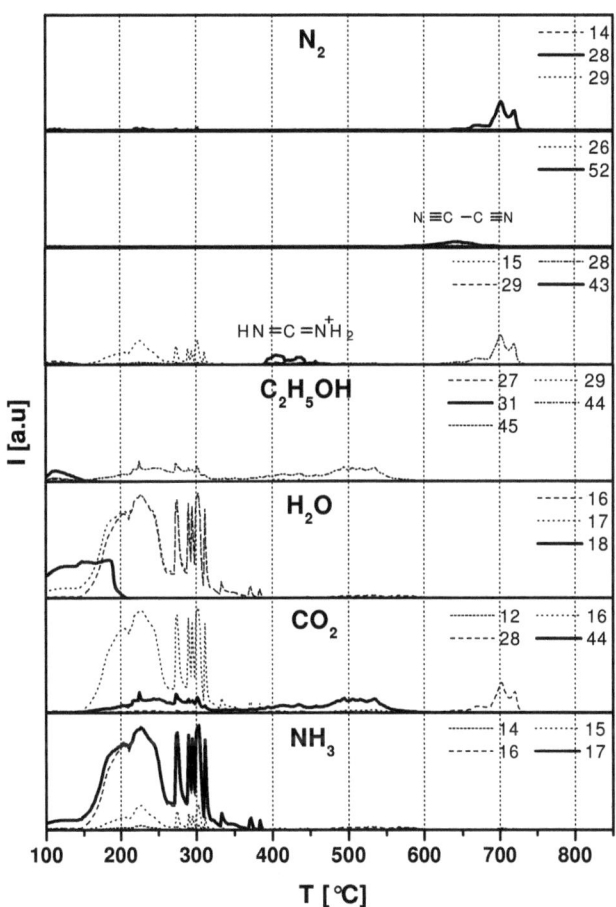

Abb.1: Zeitabhängiger Verlauf der Molekülspezifischen m/z-Werte des Eisen-Harnstoff-Gels (Fe_3C-Nanopartikel)

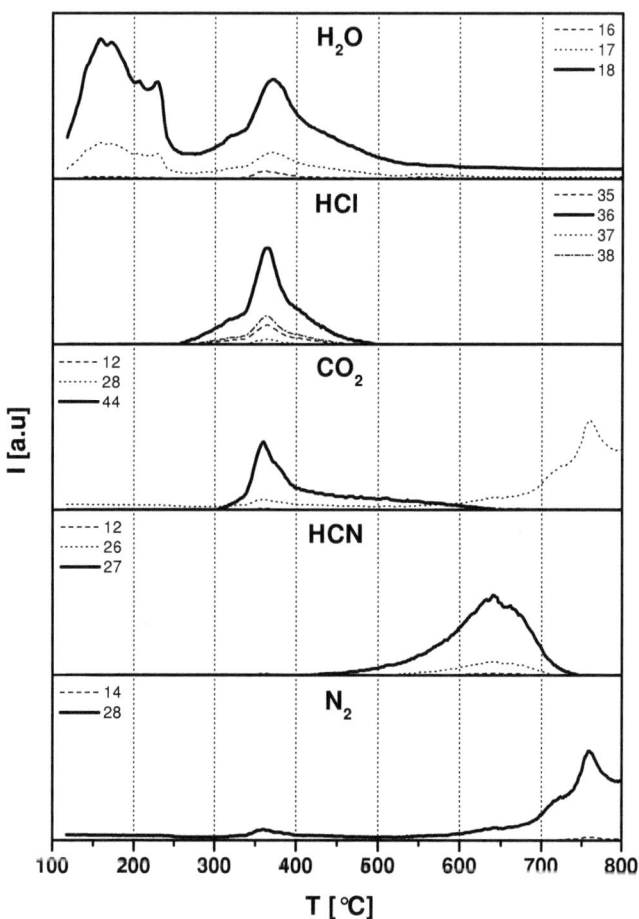

Abb.2: Zeitabhängiger Verlauf der Molekülspezifischen m/z-Werte des Eisen-DI-Ludox-Gemisches (mesoporöses Fe$_3$C)

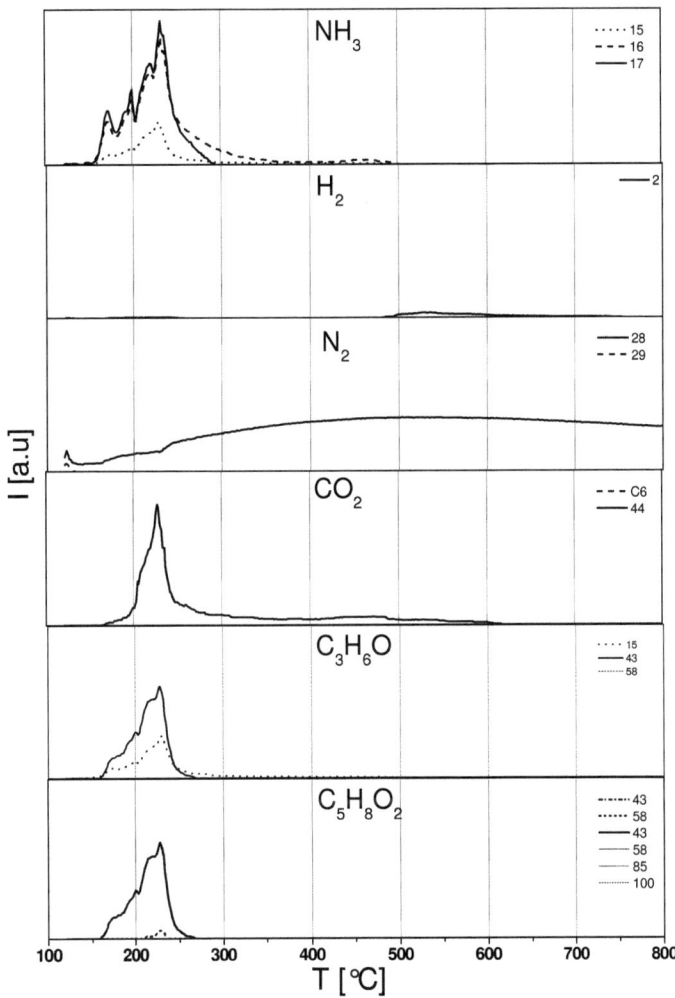

Abb. 3: Zeitabhängiger Verlauf der Molekülspezifischen m/z-Werte des Feacac-Harnstoff-Gemisches

5.7 Röntgendiffraktogramme der verschiedenen Fe₃C-Nanostrukturen

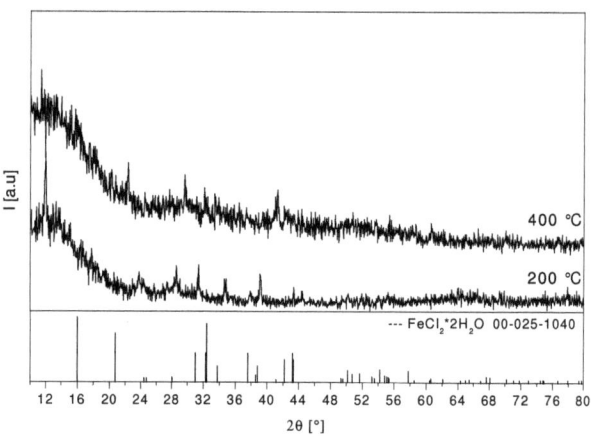

Abb. 4: Röntgendiffraktogramme der Eisen-Harnstoff-Proben synthetisiert bei 200 °C und 400 °C 1+2h

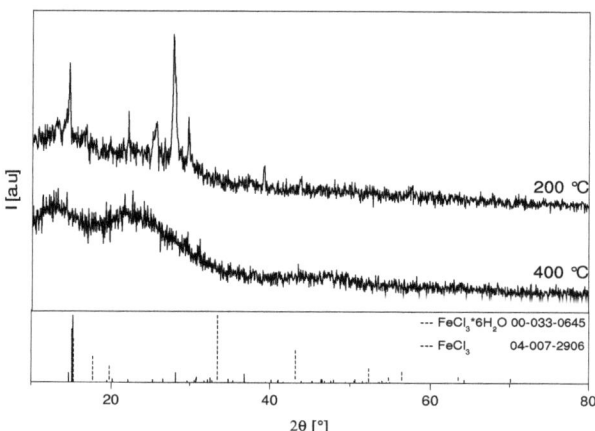

Abb. 5: Röntgendiffraktogramme der Eisen-DI-Ludox-Proben synthetisiert bei 200 °C und 400 °C 1+2h

5.8 FT-IR Messungen der verschiedenen Fe₃C-Nanostrukturen

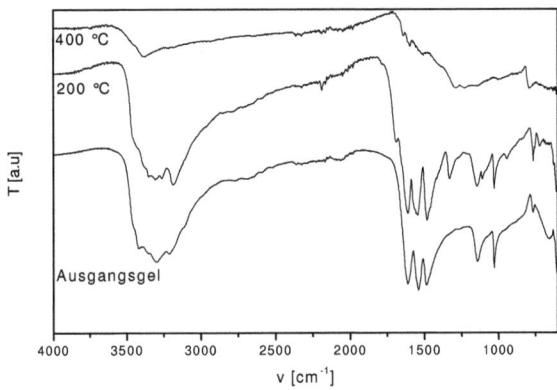

Abb. 6: IR-Spektren der Eisen-Harnstoff-Proben synthetisiert bei 200 °C und 400 °C 1+2h und des Ausgangsgels

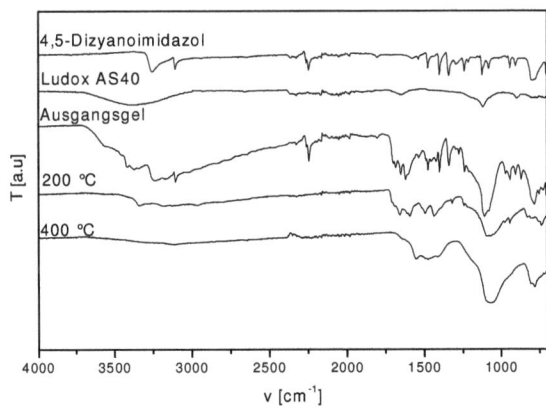

Abb. 7: IR-Spektren der Eisen-DI-Ludox-Proben synthetisiert bei 200 °C und 400 °C 1+2h und des Ausgangsgels, zum Vergleich sind außerdem die Spektren von DI und Ludox AS40 dargestellt

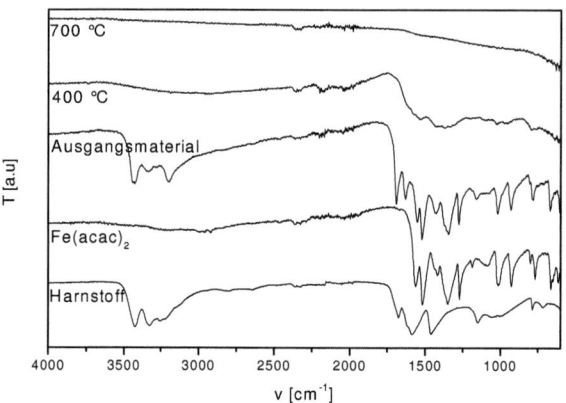

Abb. 8: IR-Spektren der Fe(acac)$_2$-Harnstoff-Proben synthetisiert bei 400 °C und 700 °C 1+2h und des Ausgangsmaterials, zum Vergleich sind außerdem die Spektren von Harnstoff und Fe(acac)$_2$ dargestellt

5.9 Mößbauer Fitting Parameter

Tab. 2: Mimos Hyperfein Parameter für die mit Eisenchlorid synthetisierten Proben, gemessen mit 14,4 keV bei RT

Probe	Komponente	δ [mm/s]*	Δ_Q [mm/s]	H [T]	RF [%]
Fe_3C np	Dublett 1	0,10	0,20	-	3
	Sextett 1	0,10	0,00	20,70	97
Fe_3C mp	Dublett 1	0,21	0,73	-	30
	Sextett 1	0,08	0,00	20,80	70

Tab. 3: : Mößbauer Hyperfein Parameter für die mit Eisenacetylacetonat synthetisierten Proben, gemessen mit 14,4 keV bei RT

Probe	Komponente	δ [mm/s]	Δ_Q [mm/s]	H [T]	RF [%]
Fe_3C	Dublett 1	0,28	0,89	-	37,80
	Fe_S Sextett	0,19	0,03	21,20	18,90
	Fe_G Sextett	0,19	0,01	20,10	32,10
	Sextett 1	0,18	-0,01	16,60	11,20
Fe_3N	Dublett 1	0,38	0,85	-	62,40
	Sextett 1	0,34	-0,04	23,30	22,60
	Sextett 2	0,35	-0,05	15,60	7,60
	Sextett 3	0,53	-0,03	12,50	7,40
Fe_7C_3	Dublett 1	0,56	1,23	-	12,70
	Sextett 1	0,17	-0,06	22,60	13,80
	Sextett 2	0,29	-0,06	20,30	23,30
	Sextett 3	0,23	0,09	16,10	37,80
	Sextett 4	0,35	-0,12	11,00	12,70

* δ = Isomerieverschiebung, Δ_Q = Quadrupolaufspaltung, H = Hyperfein Feld, RF = Relative Fläche

6. Symbolverzeichnis

χ	magnetische Suszeptibilität
M	Magnetisierung
B	magnetische Feldstärke
μ	magnetisches Moment
μ_B	Bohrsches Magneton
e	Elementarladung
c	Lichtgeschwindigkeit
m	Masse
r	Radius
J	Gesamtdrehimpuls
g	Landé Faktor
γ	gyromagnetisches Verhältnis
m_J	Magnetquantenzahl
U	Energieniveau
T	Temperatur
T_C	Curie Temperatur
C	Curie Konstante
k_B	Boltzmann Konstante
T_N	Neel Temperatur
E	Energie
τ	Relaxationszeit
τ_m	Messzeit
V	Volumen
K	Anisotropiekonstante
a, b, c	Zellparameter
λ	Wellenlänge
v	Geschwindigkeit
h	Plancksche Wirkungsquantum

6. Symbolverzeichnis

n	Brechungsindex
A	Amplitude
I	Streuintensität
d	Netzebenenabstand
Γ	Halbwertsbreite
ρ	Raumladungsdichte
δ	Isomerieverschiebung
ε_0	Permittivität des Vakuums
I	Drehimpulsquantenzahl
Δ_Q	Quadrupolaufspaltung
t	Zeit
M_S	Sättigungsmagnetisierung
M_R	Restmagnetisierung
H_C	Koerzitivfeldstärke
H	Hyperfeinfeld
δ	Isomerieverschiebung
Δ_Q	Quadrupolaufspaltung

RT	Raumtemperatur
HZ	Heizzeit
RZ	Reaktionszeit
R	molares Verhältnis CN-Quelle/Metall
FWHM	Peakbreite auf halber Höhe
IL	ionische Flüssigkeiten
XRD	Röntgendiffraktometrie
TGA	Thermogravimetrische Analyse
IR	Infrarot

7. Veröffentlichungen

1. Giordano C.; Kraupner A.; Wimbush S.C.; Antonietti M.; *Iron Carbide: An Ancient Advanced Material*, Small, **2010**, 6, 17, 1859-1862

2. Kraupner A.; Antonietti M.; Palkovits R.; Schlicht K.; Giordano C.; *Mesoporous Fe3C sponges as magnetic supports and as heterogeneous Catalyst*, Journal of Materials Chemistry, **2010**, 20, 6019–6022

3. Khare V.; Kraupner A.; Mantion A.;Jelicic A.; Thünemann A.F.; Giordano C.; Taubert A.; *Stable Iron Carbide Nanoparticle Dispersions in [Emim][SCN] and [Emim][N(CN)2] Ionic Liquids*, Langmuir, **2010**, 26, (13), 10600–10605

8. Literaturverzeichnis

[1] CLARKE, R. S. *Meteoritics* 14(4), 367–368 (1979).
[2] Reibold, M., Paufler, P., Levin, A. A., Kochmann, W., Patzke, N., and Meyer, D. C. *Nature* 444(7117), 286–286 November (2006).
[3] http://commons.wikimedia.org/wiki/File:DamaszenerKlinge.JPG?uselang=de.
[4] Cheng, F. Y., Su, C. H., Yang, Y. S., Yeh, C. S., Tsai, C. Y., Wu, C. L., Wu, M. T., and Shieh, D. B. *Biomaterials* 26(7), 729–738 March (2005).
[5] Kim, J., Kim, J., Park, J., Kim, C., Yoon, C., and Shon, Y. *Nanotechnology* 18, 115609 (2007).
[6] Deck, C. P. and Vecchio, K. *Carbon* 44(2), 267–275 February (2006).
[7] Schaper, A. K., Hou, H. Q., Greiner, A., and Phillipp, F. *Journal of Catalysis* 222(1), 250–254 February (2004).
[8] Herrmann, I. K., Grass, R. N., Mazunin, D., and Stark, W. J. *Chemistry of Materials* 21(14), 3275–3281 July (2009).
[9] Schnepp, Z., Wimbush, S. C., Antonietti, M., and Giordano, C. *Chemistry of Materials* 22(18), 5340–5344 September (2010).
[10] Giordano, C., Erpen, C., Yao, W. T., and Antoniett, M. *Nano Letters* 8(12), 4659–4663 December (2008).
[11] Giordano, C., Erpen, C., Yao, W. T., Milke, B., and Antoniett, M. *Chemistry of Materials* 21(21), 5136–5144 November (2009).
[12] Jordan, A., Wust, P., Fahling, H., John, W., Hinz, A., and Felix, R. *International Journal of Hyperthermia* 9(1), 51–68 January (1993).
[13] Prestvik, W. S., Berge, A., Mork, P. C., Stenstad, P. M., and Ugelstad, J. (1997).
[14] Pouliquen, D., Perroud, H., Calza, F., Jallet, P., and Lejeune, J. J. *Magnetic Resonance In Medicine* 24(1), 75–84 March (1992).
[15] Hanayama, M. and Ideno, T. (Jpn. Patent JP 06-152793).
[16] Wang, Y. G. and Davis, B. H. *Applied Catalysis A-general* 180(1-2), 277–285 April (1999).
[17] Feynman, R. P. *Journal of Microelectromechanical Systems* 1(1), 60–6 (1992).
[18] Park, S. J., Kim, S., Lee, S., Khim, Z. G., Char, K., and Hyeon, T. *Journal of the American Chemical Society* 122(35), 8581–8582 September (2000).
[19] Puntes, V. F., Alivisatos, P., and Krishnan, K. M. (2001).
[20] Gupta, A. K. and Wells, S. *Ieee Transactions On Nanobioscience* 3(1), 66–73 March (2004).
[21] Nikitenko, S. I., Koltypin, Y., Palchik, O., Felner, I., Xu, X. N., and Gedanken, A. *Angewandte Chemie-international Edition* 40(23), 4447–+ (2001).
[22] Ningthoujam, R. S. and Gajbhiye, N. S. *Materials Research Bulletin* 43(5), 1079–1085 May (2008).
[23] Chen, Q., Rondinone, A. J., Chakoumakos, B. C., and Zhang, Z. J. *Journal of Magnetism and Magnetic Materials* 194(1-3), 1–7 April (1999).

[24] Cha, H. G., Kim, Y. H., Kim, C. W., Kwon, H. W., and Kang, Y. S. *Journal of Physical Chemistry C* 111(3), 1219–1222 January (2007).

[25] Sun, S. H., Murray, C. B., Weller, D., Folks, L., and Moser, A. *Science* 287(5460), 1989–1992 March (2000).

[26] Shevchenko, E. V., Talapin, D. V., Rogach, A. L., Kornowski, A., Haase, M., and Weller, H. *Journal of the American Chemical Society* 124(46), 13958–13958 November (2002).

[27] Kirkpatrick, E. M., Majetich, S. A., and McHenry, M. E. *Ieee Transactions On Magnetics* 32(5), 4502–4504 September (1996).

[28] Varanda, L. C., Morales, M. P., Goya, G. F., Imaizumi, M., Serna, C. J., and Jafelicci, M. *Materials Science and Engineering B-solid State Materials For Advanced Technology* 112(2-3), 188–193 September (2004).

[29] Pileni, M. P. *Advanced Functional Materials* 11(5), 323–336 October (2001).

[30] Tsang, S. C., Caps, V., Paraskevas, I., Chadwick, D., and Thompsett, D. *Angewandte Chemie-international Edition* 43(42), 5645–5649 (2004).

[31] Lu, A. H., Schmidt, W., Matoussevitch, N., Bonnemann, H., Spliethoff, B., Tesche, B., Bill, E., Kiefer, W., and Schuth, F. *Angewandte Chemie-international Edition* 43(33), 4303–4306 (2004).

[32] Gupta, A. K. and Gupta, M. *Biomaterials* 26(18), 3995–4021 June (2005).

[33] Mornet, S., Vasseur, S., Grasset, F., and Duguet, E. *Journal of Materials Chemistry* 14(14), 2161–2175 (2004).

[34] Hyeon, T. *Chemical Communications* (8), 927–934 (2003).

[35] Elliott, D. W. and Zhang, W. X. *Environmental Science & Technology* 35(24), 4922–4926 December (2001).

[36] Takafuji, M., Ide, S., Ihara, H., and Xu, Z. H. *Chemistry of Materials* 16(10), 1977–1983 May (2004).

[37] Spieß, L., Schwarzer, R., Behnken, H., and Teichert, G. *Moderne Röntgenbeugung*. Teubner, (2005).

[38] Pankhurst, Q. A., Connolly, J., Jones, S. K., and Dobson, J. *Journal of Physics D-applied Physics* 36(13), R167–R181 July (2003).

[39] Riedel, E. *Moderne Anorganische Chemie*. de Gruyter, (2003).

[40] http://www.kalorimetrietage.tu-freiberg.de/boehme/materialien/hartstoffe/hartstoffe.html.

[41] Ambacher, O. *Journal of Physics D-applied Physics* 31(20), 2653–2710 October (1998).

[42] Choi, D., Blomgren, G. E., and Kumta, P. N. *Advanced Materials* 18(9), 1178–+ May (2006).

[43] Levy, R. B. and Boudart, M. *Science* 181(4099), 547–549 (1973).

[44] de Smit, E., Cinquini, F., Beale, A. M., Safonova, O. V., van Beek, W., Sautet, P., and Weckhuysen, B. M. *Journal of the American Chemical Society* 132(42), 14928–14941 October (2010).

[45] Kraupner, A., Antonietti, M., Palkovits, R., Schlicht, K., and Giordano, C. *Journal of Materials Chemistry* 20(29), 6019–6022 (2010).

[46] http://www.baustoffe.tu-berlin.de/fileadmin/fg12/Eisen Kohlenstoff-Diagramm.jpg.

[47] Herbstein, F. H. and Snyman, J. A. *Inorganic Chemistry* 3(6), 894–& (1964).

[48] Fruchart, R., Senateur, J. P., Bouchaud, J. P., and Michel, A. *Bulletin De La Societe Chimique De France* (2), 392–& (1965).
[49] Senczyk, D. *Phase Transitions* 43(1-4), 153–156 (1993).
[50] Jack, K. H. *Proceedings of the Royal Society of London Series A-mathematical and Physical Sciences* 208(1093), 200–& (1951).
[51] Deno, H., Kamemoto, T., Nemoto, S., Koshio, A., and Kokai, F. *Applied Surface Science* 254(9), 2776–2782 February (2008).
[52] Chen, X. Z., Dye, J. L., Eick, H. A., Elder, S. H., and Tsai, K. L. *Chemistry of Materials* 9(5), 1172–1176 May (1997).
[53] Gole, J. L., Stout, J. D., Burda, C., Lou, Y. B., and Chen, X. B. *Journal of Physical Chemistry B* 108(4), 1230–1240 January (2004).
[54] Xiang, D. P., Liu, Y., Gao, S. J., and Tu, M. J. *Materials Characterization* 59(3), 241–244 March (2008).
[55] Li, P. G., Lei, M., and Tang, W. H. *Materials Research Bulletin* 43(12), 3621–3626 December (2008).
[56] Gomathi, A., Sundaresan, A., and Rao, C. N. R. *Journal of Solid State Chemistry* 180(1), 291–295 January (2007).
[57] Giordano, C., Kraupner, A., Wimbush, S. C., and Antonietti, M. *Small* 6(17), 1859–62 September (2010).
[58] Penland, R. B., Mizushima, S., Curran, C., and Quagliano, J. V. *Journal of the American Chemical Society* 79(7), 1575–1578 (1957).
[59] Prasad, B. L. V., Sato, H., Enoki, T., Cohen, S., and Radhakrishnan, T. P. *Journal of the Chemical Society-dalton Transactions* (1), 25–29 January (1999).
[60] Compagno.PL and Miocque, M. *Annales De Chimie France* 5(1), 11–& (1970).
[61] http://upload.wikimedia.org/wikipedia/commons/6/6c/TEM_ray_diag2.basic.de.png.
[62] http://www.uni muenster.de/imperia/md/content/physikalische_chemie/app_moess.pdf.
[63] http://tu freiberg.de/fakult2/angph/studium/sne_vl_mb.pdf.
[64] Carp, O., Patron, L., Diamandescu, L., and Reller, A. *Thermochimica Acta* 390(1-2), 169–177 July (2002).
[65] Chaira, D., Mishra, B. K., and Sangal, S. *Powder Technology* 191(1-2), 149–154 April (2009).
[66] Ron, M. and Mathalon.Z. *Physical Review B* 4(3), 774–& (1971).
[67] Sajitha, E. P., Prasad, V., Subramanyam, S. V., Mishra, A. K., Sarkar, S., and Bansal, C. *Journal of Magnetism and Magnetic Materials* 313(2), 329–336 June (2007).
[68] Ferrari, A. C. and Robertson, J. *Physical Review B* 61(20), 14095–14107 May (2000).
[69] Doeff, M. M., Wilcox, J. D., Yu, R., Aumentado, A., Marcinek, M., and Kostecki, R. *Journal of Solid State Electrochemistry* 12(7-8), 995–1001 August (2008).
[70] Park, E., Zhang, J. Q., Thomson, S., Ostrovski, O., and Howe, R. *Metallurgical and Materials Transactions B-process Metallurgy and Materials Processing Science* 32(5), 839–845 October (2001).
[71] Bi, X. X., Ganguly, B., Huffman, G. P., Huggins, F. E., Endo, M., and Eklund, P. C. *Journal of Materials Research* 8(7), 1666–1674 July (1993).
[72] Tuinstra, F. and Koenig, J. L. *Journal of Chemical Physics* 53(3), 1126–& (1970).

[73] Zhu, Y. F., Zhao, W. R., Chen, H. R., and Shi, J. L. *Journal of Physical Chemistry C* 111(14), 5281–5285 April (2007).

[74] Puntes, V. F., Krishnan, K. M., and Alivisatos, P. *Applied Physics Letters* 78(15), 2187–2189 April (2001).

[75] Oskam, G., Nellore, A., Penn, R. L., and Searson, P. C. *Journal of Physical Chemistry B* 107(8), 1734–1738 February (2003).

[76] Antonietti, M., Niederberger, M., and Smarsly, B. *Dalton Transactions* (1), 18–24 (2008).

[77] He, Y. P., Wang, S. Q., Li, C. R., Miao, Y. M., Wu, Z. Y., and Zou, B. S. *Journal of Physics D-applied Physics* 38(9), 1342–1350 May (2005).

[78] Sheng, Z. M. and Wang, J. N. *Carbon* 47(14), 3271–3279 November (2009).

[79] Hofer, L. J. E. and Cohn, E. M. *Journal of the American Chemical Society* 81(7), 1576–1582 (1959).

[80] Zhao, X. Q., Liu, B. X., Liang, Y., and Hu, Z. Q. *Journal of Magnetism and Magnetic Materials* 164(3), 401–410 December (1996).

[81] Schuth, F. *Angewandte Chemie-international Edition* 42(31), 3604–3622 (2003).

[82] Wan, Y. and Zhao, D. Y. *Chemical Reviews* 107(7), 2821–2860 July (2007).

[83] Darmstadt, H., Roy, C., Kaliaguine, S., Choi, S. J., and Ryoo, R. *Carbon* 40(14), 2673–2683 (2002).

[84] Chen, C. L., Li, Y., and Liu, S. Q. *Journal of Electroanalytical Chemistry* 632(1-2), 14–19 July (2009).

[85] Kamata, K., Lu, Y., and Xia, Y. N. *Journal of the American Chemical Society* 125(9), 2384–2385 March (2003).

[86] Khare, V., Mullet, M., Hanna, K., Blumers, M., Abdelmoula, M., Klingelhofer, G., and Ruby, C. *Solid State Sciences* 10(10), 1342–1351 October (2008).

[87] Ron, M., Shechter, H., Hirsch, A. A., and Niedzwie.S. *Physics Letters* 20(5), 481–& (1966).

[88] Xie, J., Peng, S., Brower, N., Pourmand, N., Wang, S. X., and Sun, S. H. *Pure and Applied Chemistry* 78(5), 1003–1014 May (2006).

[89] Zheng, M. Y., Cheng, R. H., Chen, X. W., Li, N., Cong, Y., Wang, X. D., and Zhang, T. *Chemical Journal of Chinese Universities-chinese* 26(4), 623–627 April (2005).

[90] Vonhoene, J., Charles, R. G., and Hickam, W. M. *Journal of Physical Chemistry* 62(9), 1098–1101 (1958).

[91] David, B., Schneeweiss, O., Mashlan, M., Santava, E., and Morjan, I. *Journal of Magnetism and Magnetic Materials* 316(2), 422–425 September (2007).

[92] Kurian, S. and Gajbhiye, N. S. *Journal of Nanoparticle Research* 12(4), 1197–1209 May (2010).

[93] Kurian, S. and Gajbhiye, N. S. *Chemical Physics Letters* 493(4-6), 299–303 June (2010).

[94] Leineweber, A., Jacobs, H., Huning, F., Lueken, H., Schilder, H., and Kockelmann, W. *Journal of Alloys and Compounds* 288(1-2), 79–87 June (1999).

[95] Rochegude, P. and Foct, J. *Physica Status Solidi A-applied Research* 98(1), 51–62 November (1986).

[96] Pringle, O. A., Long, G. J., LI, J. L., James, W. J., Grandjean, F., and Hadjioanayis, G. C. *Ieee Transactions On Magnetics* 28(5), 2862–2864 September (1992).

[97] Morniroli, J. P., Bauergrosse, E., and Gantois, M. *Philosophical Magazine A-physics of Condensed Matter Structure Defects and Mechanical Properties* 48(3), 311–327 (1983).

[98] Woo, K., Hong, J., Choi, S., Lee, H. W., Ahn, J. P., Kim, C. S., and Lee, S. W. *Chemistry of Materials* 16(14), 2814–2818 July (2004).

[99] Tsuzuki, A., Sago, S., Hirano, S. I., and Naka, S. *Journal of Materials Science* 19(8), 2513–2518 (1984).

[100] Zhang, J., Comotti, M., Schuth, F., Schlogl, R., and Su, D. S. *Chemical Communications* (19), 1916–1918 (2007).

[101] Soerijanto, H., Rodel, C., Wild, U., Lerch, M., Schomacker, R., Schlogl, R., and Ressler, T. *Journal of Catalysis* 250(1), 19–24 August (2007).

[102] Lee, J. S., Volpe, L., Ribeiro, F. H., and Boudart, M. *Journal of Catalysis* 112(1), 44–53 July (1988).

[103] Choi, J. G., Ha, J., and Hong, J. W. *Applied Catalysis A-general* 168(1), 47–56 March (1998).

[104] Choi, J. G. *Journal of Catalysis* 182(1), 104–116 February (1999).

[105] Cui, X. Z., Li, H., Guo, L. M., He, D. N., Chen, H., and Shi, J. L. *Dalton Transactions* (45), 6435–6440 (2008).

[106] Kojima, R. and Aika, K. *Applied Catalysis A-general* 219(1-2), 141–147 October (2001).

[107] Zhang, J., Muller, J. O., Zheng, W. Q., Wang, D., Su, D. S., and Schlogl, R. *Nano Letters* 8(9), 2738–2743 September (2008).

[108] Fortin, J. P., Wilhelm, C., Servais, J., Menager, C., Bacri, J. C., and Gazeau, F. *Journal of the American Chemical Society* 129(9), 2628–2635 March (2007).

[109] Hajdu, A., Tombacz, E., Illes, E., Bica, D., and Vekas, L. (2008).

[110] Sahoo, Y., Pizem, H., Fried, T., Golodnitsky, D., Burstein, L., Sukenik, C. N., and Markovich, G. *Langmuir* 17(25), 7907–7911 December (2001).

[111] Lewin, M., Carlesso, N., Tung, C. H., Tang, X. W., Cory, D., Scadden, D. T., and Weissleder, R. *Nature Biotechnology* 18(4), 410–414 April (2000).

[112] Feng, B., Hong, R. Y., Wang, L. S., Guo, L., Li, H. Z., Ding, J., Zheng, Y., and Wei, D. G. *Colloids and Surfaces A-physicochemical and Engineering Aspects* 328(1-3), 52–59 October (2008).

[113] Chen, W. J., Tsai, P. J., and Chen, Y. C. *Small* 4(4), 485–491 April (2008).

[114] Khare, V., Kraupner, A., Mantion, A., Jelicic, A., Thunemann, A. F., Giordano, C., and Taubert, A. *Langmuir* 26(13), 10600–10605 July (2010).

[115] Guerrero-Sanchez, C., Lara-Ceniceros, T., Jimenez-Regalado, E., Rasa, M., and Schubert, U. S. *Advanced Materials* 19(13), 1740–+ July (2007).

[116] Nockemann, P., Thijs, B., Postelmans, N., Van Hecke, K., Van Meervelt, L., and Binnemans, K. *Journal of the American Chemical Society* 128(42), 13658–13659 October (2006).

[117] Fukushima, T., Kosaka, A., Ishimura, Y., Yamamoto, T., Takigawa, T., Ishii, N., and Aida, T. *Science* 300(5628), 2072–2074 June (2003).

[118] Fukushima, T. and Aida, T. *Chemistry-a European Journal* 13(18), 5048–5058 (2007).

[119] Sun, J., Zhou, S. B., Hou, P., Yang, Y., Weng, J., Li, X. H., and Li, M. Y. *Journal of Biomedical Materials Research Part A* 80A(2), 333–341 February (2007).

[120] Amstad, E., Gillich, T., Bilecka, I., Textor, M., and Reimhult, E. *Nano Letters* 9(12), 4042–4048 December (2009).

[121] Baiker, A. and Maciejewski, M. *Journal of the Chemical Society-faraday Transactions I* 80, 2331–2341 (1984).

[122] Gajbhiye, N. S., Ningthoujam, R. S., and Weissmuller, J. *Physica Status Solidi A-applied Research* 189(3), 691–695 February (2002).

[123] Rath, C., Singh, S., Mallick, P., Pandey, D., Lalla, N. P., and Mishra, N. C. *Indian Journal of Physics and Proceedings of the Indian Association For the Cultivation of Science* 83(4), 415–421 April (2009).

[124] Mader, K. H., Thieme, F., and Knappwos.A. *Zeitschrift Fur Anorganische Und Allgemeine Chemie* 366(5-6), 274–& (1969).

[125] Bethune, D. S., Kiang, C. H., Devries, M. S., Gorman, G., Savoy, R., Vazquez, J., and Beyers, R. *Nature* 363(6430), 605–607 June (1993).

[126] Harris, P. J. F. *Carbon* 45(2), 229–239 February (2007).

[127] Iglesia, E. *Applied Catalysis A-general* 161(1-2), 59–78 November (1997).

[128] Bezemer, G. L., Bitter, J. H., Kuipers, H. P. C. E., Oosterbeek, H., Holewijn, J. E., Xu, X. D., Kapteijn, F., van Dillen, A. J., and de Jong, K. P. *Journal of the American Chemical Society* 128(12), 3956–3964 March (2006).

Die VDM Verlagsservicegesellschaft sucht für wissenschaftliche Verlage abgeschlossene und herausragende

Dissertationen, Habilitationen, Diplomarbeiten, Master Theses, Magisterarbeiten usw.

für die kostenlose Publikation als Fachbuch.

Sie verfügen über eine Arbeit, die hohen inhaltlichen und formalen Ansprüchen genügt, und haben Interesse an einer honorarvergüteten Publikation?

Dann senden Sie bitte erste Informationen über sich und Ihre Arbeit per Email an *info@vdm-vsg.de*.

Sie erhalten kurzfristig unser Feedback!

VDM Verlagsservicegesellschaft mbH
Dudweiler Landstr. 99   Telefon +49 681 3720 174
D - 66123 Saarbrücken   Fax   +49 681 3720 1749
www.vdm-vsg.de

Die VDM Verlagsservicegesellschaft mbH vertritt

Printed by Books on Demand GmbH, Norderstedt / Germany